教育部产学合作协同育人项目成果

本书获"陕西省计算机教育学会优秀教材奖"

智能视觉技术及应用

朱光明　冯明涛　王　波　主编

陕西维视智造科技股份有限公司
西安电子科技大学　组编

西安电子科技大学出版社

内 容 简 介

本书系统地介绍了智能视觉技术的发展、相关技术以及在部分行业中的应用。全书分为上、中、下三篇,共 13 章。上篇主要介绍智能视觉组成,包括第 1～4 章:第 1 章概述了智能视觉技术的发展、智能视觉系统的组成和智能视觉技术的应用;第 2～4 章详细介绍了智能视觉系统的组成,包括工业相机、工业镜头和视觉光源等。中篇主要介绍智能视觉算法,包括第 5～9 章:第 5～7 章介绍了传统的数字图像处理技术,包括图像预处理、图像定位、图像测量等;第 8～9 章介绍了深度学习与神经网络以及基于卷积神经网络的图像处理。下篇主要介绍智能视觉应用,包括第 10～13 章:第 10 章介绍了智能视觉技术的主要应用及智能视觉开发平台 VisionBank;第 11～13 章分别从定位与识别、计数和测量、缺陷检测和测量计数等方面介绍了智能视觉技术在汽车制造、半导体、医药、机械、手机辅料、散热风扇等行业的应用。

本书可作为高等院校计算机、自动化、电子、信息、管理、控制等专业本科生或研究生的教材或教学参考书,也可供从事智能视觉研究的技术人员自学或参考。

图书在版编目(CIP)数据

智能视觉技术及应用/朱光明,冯明涛,王波主编. 一西安:西安电子科技大学出版社,2021.7(2023.11 重印)

ISBN 978 - 7 - 5606 - 6078 - 3

Ⅰ. ①智… Ⅱ. ①朱… ②冯… ③王… Ⅲ. ①计算机视觉 Ⅳ. ①TP302.7

中国版本图书馆 CIP 数据核字(2021)第 100196 号

策　　划　李惠萍
责任编辑　李惠萍
出版发行　西安电子科技大学出版社(西安市太白南路 2 号)
电　　话　(029)88202421　88201467　　邮　编　710071
网　　址　www.xduph.com　　　　　电子邮箱　xdupfxb001@163.com
经　　销　新华书店
印刷单位　陕西天意印务有限责任公司
版　　次　2021 年 7 月第 1 版　　2023 年 11 月第 3 次印刷
开　　本　787 毫米×1092 毫米　1/16　印张　17
字　　数　343 千字
印　　数　4001～6000 册
定　　价　39.00 元

ISBN 978 - 7 - 5606 - 6078 - 3/TP

XDUP　6380001 - 3

《智能视觉技术及应用》

编委会名单

主　编　朱光明　冯明涛　王　波

副主编　张　亮　李明睿　魏代强　崔永香

编　委　（排名不分先后顺序）

马晓红　刘恒博　侯昭月　杨　阳　郭　娟　荣增容

黄　淼　王文倩　毛毅刚　秦　婷　王儒仕　蒲维新

沈沛意　宋　娟　王凯博　孙杰凡　王　宁　汪思远

张其良　李新霖　李约瀚

人类主要通过眼、耳、鼻、舌、皮肤等感觉器官来感知外部世界，感知的信息中约80％是通过视觉器官获取的。视觉感知环境信息的效率很高，它不仅指对光信号的感受，还包括对视觉信息的获取、传输、处理、存储与理解的全过程。对人类而言，视觉信息传入大脑之后，由大脑根据已有的知识进行信息处理，进而分析和识别。

智能视觉（也称机器视觉）是人工智能领域正在快速发展的一个分支。简单来说，智能视觉就是用机器代替人眼进行目标对象的识别、判断和测量，主要研究用计算机来模拟人的视觉功能。智能视觉系统综合了光学、机械、电子、计算机软硬件方面的技术，涉及目标对象的图像获取技术、图像信息处理技术以及对目标对象的测量和识别技术。智能视觉系统主要由视觉感知单元、图像信息处理与识别单元、结果显示单元以及视觉系统控制单元组成。视觉感知单元获取被测目标对象的图像信息，并传送给图像信息处理与识别单元；图像信息处理与识别单元经过对图像的灰度分布、亮度以及颜色等信息的各种运算处理，从中提取出目标对象的相关特征，达到对目标对象的测量、识别和合格判定，并将其判定结论提供给结果显示单元和视觉系统控制单元；结果显示单元可视化显示处理结果，供操作人员监视与控制；视觉系统控制单元根据判别结果控制现场设备，从而对目标对象进行相应的控制操作。在工业生产过程中，相对于传统测量检验方法，智能视觉技术的优点是快速、准确、可靠与智能化，这对提高产品检验的一致性和产品生产的安全性、降低工人的劳动强度以及实现企业的高效安全生产和自动化管理具有不可替代的作用。

本书对智能视觉技术的基础理论进行了详细的介绍，包括智能视觉系统的硬件组成、数字图像处理技术及神经网络，还介绍了智能视觉系统的行业案例，将理论与实践充分结合。

全书分为上、中、下三篇，共13章。

上篇主要介绍智能视觉组成，包括第1～4章。第1章概述了智能视觉技术的发展、智能视觉系统的组成和智能视觉技术的应用；第2～4章详细介绍了智能视觉系统的组成，包括工业相机、工业镜头和视觉光源等基础知识，使读者能够学习到视觉系统中常用的硬件设备及其使用方法。

中篇主要介绍智能视觉算法，包括第 5～9 章。第 5～7 章介绍了传统的数字图像处理技术，包括图像预处理、图像定位、图像测量等技术；第 8～9 章介绍了深度学习与神经网络以及基于卷积神经网络的图像处理。

下篇主要介绍智能视觉应用，包括第 10～13 章。第 10 章介绍了智能视觉技术的主要应用及智能视觉开发平台 VisionBank；第 11～13 章分别从定位与识别、计数和测量、缺陷检测和测量计数等方面介绍了智能视觉技术在汽车制造、半导体、医药、机械、手机辅料、散热风扇等行业的应用，从行业背景出发引入实际应用的具体案例，论述了行业案例的开发过程。

本书具有如下特色：

（1）紧跟行业需求。

本书作者在编写过程中查阅了大量期刊和相关网络资料，紧跟国内外相关研究最新发展和行业发展动向，积极与国内外视觉相关企业人员进行交流，结合近年来机器视觉领域的研究成果和实践心得，进行系统梳理与总结，旨在将该领域的最新动态与读者分享。

（2）知识体系完整。

本书内容丰富，结构清晰，论述严谨，对智能视觉技术的两大组成——硬件设备和图像处理技术的基础理论与应用进行了详细论述，并且将理论和实践相联系，给出了多个行业应用案例及核心算法，适合智能视觉技术以及相关交叉领域的教师和学生参考学习。

（3）实用性强。

本书介绍了智能视觉系统硬件的基础知识和使用方法以及 VisionBank 智能视觉软件，论述了数字图像处理技术以及人工神经网络的基础理论、基本框架和典型算法，并在此基础上将理论和实践紧密联系，针对多个行业的检测需求，给出相应的检测方案，使得读者在学习基础理论知识的同时，能够将理论应用于实践，既增加了对机器视觉学科的兴趣，又培养了实践能力。

本书由朱光明、冯明涛、王波主编。在本书编写过程中，西安电子科技大学的张亮、王凯博、孙杰凡、王宁、汪思远、张其良等人参与其中，他们除了撰写部分章节外，也提供了非常有价值的调研结果和修改意见，在此表示衷心的感谢！本书在编写过程中还得到了陕西维视智造科技股份有限公司的大力支持，在此对王波、蒲维新、魏代强、毛毅刚、秦婷、王儒仕等人表示衷心的感谢！另外，感谢西安欣维视觉科技有限公司、西安远心光学系统有限公司、苏州云灵智能科技有限公司在本书编写过程中提供的技术支持，正是由于他们的支持，使得本书可以更加完整地向读者介绍智能视觉相关技术和实际应用的各个环节。英国著名物理学家牛顿曾经说过：如果说我比别人看得更远些，那是因为我站在巨人的肩膀上。本书部分内容是在前人研究成果的基础上编写而成的，在深度神经网络的相关章节整理汇总了当前学术界典型的神经网络，在此向这些研究成果的作者表示衷心的感谢，正是这些前辈的努力使得本书编者能够系统性地阐述智能视觉技术及应用，为广大读者提供一部涵盖智能视觉组成、算法及应用的书籍。另外，本书受到了西安电子科技大学教材建设基金资助项目的资助，在此对西安电子科技大学表示衷心的感谢。

由于作者水平有限，书中不足之处在所难免，敬请广大读者批评指正。

作　者

2021 年 4 月

目录 CONTENTS

上篇　智能视觉组成

目录 CONTENTS

中篇 智能视觉算法

目 录 CONTENTS

下篇 智能视觉应用

目 录 CONTENTS

上篇
智能视觉组成

第1章 智能视觉技术概述

1.1 智能视觉技术的概念

机器视觉系统通过机器来替代人眼对外部环境进行测量、识别和判断。机器视觉和人类视觉有着本质上的不同。机器视觉系统通过机器视觉产品将被摄取目标转换成图像信号，传送给专用的图像处理系统，得到被摄目标的形态信息，根据像素分布和亮度、颜色等信息，将其转变成数字化信号；图像处理系统通过对这些信号进行各种运算来抽取目标的特征，进而根据判别的结果来控制现场的设备。

机器视觉系统主要应用于人类视觉无法达到检测要求、高速大批量工业产品制造自动生产流水线以及不适合人工作业的场合。机器视觉较易实现信息集成，是实现计算机集成制造的基础技术。在实际应用中，大多数系统的检测对象都是运动物体，系统与运动物体的匹配和协调尤为重要，这就给系统各部分的动作时间和处理速度带来了更严格的要求，需要在开发和设计中投入更多的精力。

智能视觉系统比机器视觉系统更加智能，它是在机器视觉技术的基础上，更大程度地模仿、延伸和扩展人的智能，使得系统具有"机器思维"。在本书中智能视觉也称机器视觉。

本章就智能视觉技术的发展、智能视觉系统的组成进行概述，并对现在智能视觉系统的应用前景进行介绍，以使读者对当下的智能视觉应用有所了解，启发新的创造思路。

1.2 智能视觉技术的发展

智能视觉技术是计算机视觉理论在具体问题中的应用。20世纪70年代，David Marr提出了视觉计算理论。该理论从信息处理的角度系统概括了解剖学、心理学、生理学、神经学等方面已取得的成果，规范了视觉研究体系。计算机视觉以视觉计算理论为基础，为视觉研究提供了统一的理论框架。实际中的视觉问题常常是具体的，将计算机视觉理论应用于解决具体实际问题，这样就产生了智能视觉[1]。

20世纪80年代以来，智能视觉技术一直是非常活跃的研究领域，经历了从实验室走向实际应用的发展阶段，从简单的二值图像处理到高分辨率灰度图像处理以及彩色图像处理，从一般的二维信息处理到三维视觉模型和算法的研究等都取得了很大进展。作为一种先进的检测技术，智能视觉技术已经在工业产品检测、自动化装配、机器人视觉导航、虚拟现实以及无人驾驶等领域的智能测控系统中得到了广泛应用。

目前，发展最快、使用最多的智能视觉技术主要集中在欧洲各国、美国、日本等发达国家和地区。发达国家在针对工业现场的实际情况开发智能视觉硬件产品的同时，对软件产品的研究也投入了大量的人力和财力。智能视觉的应用普及主要集中在半导体和电子行业，其中40％～50％集中在半导体制造行业，如印制电路板组装工艺与设备、表面贴装工艺与设备、电子生产加工设备等。此外，智能视觉技术在其他领域的产品质量检测方面也得到了广泛应用，如在线产品尺寸测量、产品表面质量判定等[1]。

在国内，由于半导体及电子行业属于新兴领域，智能视觉技术产品的普及还不够深入，导致智能视觉技术在相关行业的应用十分有限。值得一提的是，随着国际电子、半导体制造业向我国珠三角、长三角等地区的延伸和转移，这些行业和地区已成为最前沿和最优质的智能视觉技术应用聚集地。我国制造业的快速发展给智能视觉技术的广泛应用创造了条件，许多致力于智能视觉应用系统研发与推广的企业也相继诞生。相信随着我国配套基础建设的完善以及技术、资金的积累，各行各业对智能视觉的应用需求将快速增长。目前，国内许多大中专院校、研究所和企事业单位都在图像和智能视觉技术领域进行着积极探索和实践，逐步开展智能视觉技术在工业现场和其他领域的应用实践。

国内在智能视觉产品（包括视觉软件、相机系统、光源等）的研发方面虽然取得了一些成果，但与国外先进的智能视觉技术与设备相比还有较大的差距。目前国内在智能视觉产品研发方面主要存在技术水平较低、应用面窄、基本处于软硬件定制的专用视觉系统研发和应用阶段等问题，开发成本高，效率低；在智能视觉算法研究方面，仍采用经典的数字图像处理算法和通用软件编程开发，组态集成开发能力弱；在产品方面，具有自主知识产权的智能视觉技术与系统产品较少，不利于批量生产和广泛推广。在我国高校，智能视觉教学与科研方面也有喜有忧，在科研领域，涌现出大量的智能视觉科研机构和学者，在智能视觉算法研究方面取得了长足进步，发表了大量学术论文。但在智能视觉应用，特别是智能视觉教学方面，与工业应用不相适应，有的没有开设相应课程，有的没有开设相应实验，有的甚至认为智能视觉属于科学前沿，未将智能视觉应用技术列入教学计划和课程体系，这些问题和不足主要是由于我们的教学与应用脱节造成的。因此，加快发展我国具有自主知识产权的智能视觉产品是当务之急，在高等院校针对自动化专业、计算机专业和机电一体化专业开设智能视觉应用技术课程和系统实验也迫在眉睫。

1.3 智能视觉系统的组成

智能视觉系统主要由获取图像信息的图像采集部分和对视觉信息进行处理、判别、决策的图像处理部分组成。图像采集是决定智能视觉系统成败的关键，图像采集质量与镜头、工业相机、光源等硬件息息相关，这些硬件的选择与使用直接影响图像的采集质量。图像处理是智能视觉系统的核心，它决定了如何对图像进行处理和运算，是开发智能视觉系统的重点和难点。典型的智能视觉系统一般由图像采集单元(光源、镜头、相机)、图像处理单元、控制单元(人机界面、PLC、工业机器人、电机等)组成，如图1-1所示。

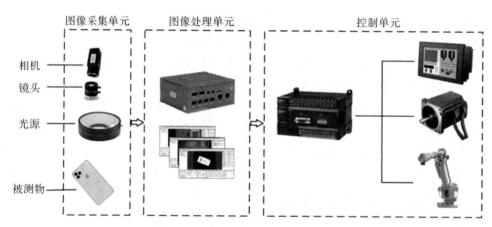

图1-1 典型的智能视觉系统组成

1.3.1 图像采集单元

图像的获取实际上是将被测物体的可视化图像和内在特征转换成能被计算机处理的数据，它直接影响到系统的稳定性及可靠性。图像采集需要利用光源、镜头、相机、图像处理单元等硬件来获取被测物体的图像信息。

1. 工业相机

在智能视觉系统中，相机的主要功能是将光敏元接收到的光信号转换为电压的幅值信号输出。相机实际上是一个光电转换装置，即将图像传感器所接收到的光学图像转化为计算机所能处理的电信号。光电转换器件是构成相机的核心器件。目前，典型的光电转换器件为 CCD(Charge Coupled Devices)、CMOS(Complementary Metal Oxide Semiconductor)图像传感器等[2]。

CCD是目前智能视觉系统中最为常用的图像传感器。它集光电转换、电荷存储、电荷转移及信号读取于一体，是典型的固体成像器件。CCD的突出特点是以电荷作为信号，而其他器件大多以电流或者电压作为信号。这类成像器件通过光电转换形成电荷包，而后在驱动脉冲的作用下转移、放大、输出图像信号。典型的CCD由图像传感器、时序及同步信号发生器、垂直驱动器、模拟/数字信号处理电路组成[2]。

CMOS图像传感器最早出现在20世纪70年代初。20世纪90年代初期，随着超大规模集成电路制造工艺技术的发展，CMOS图像传感器得到了迅速发展。CMOS图像传感器将光敏元阵列、图像信号放大器、信号读取电路、模/数转换电路、图像信号处理器及控制器集成在一块芯片上，具有局部像素可随机访问的优点。目前，CMOS图像传感器以其良好的集成性、低功耗、宽动态范围和输出图像几乎无拖影等特点得到了广泛应用[2]。

2. 工业镜头

对于智能视觉系统来说，图像是唯一的信息来源，而图像的质量是由镜头的恰当选择来决定的[2]。镜头的作用等同于针孔成像中针孔的作用。所不同的是，一方面，镜头的透光孔径比针孔大很多倍，能在同等时间内接纳更多的光线，使相机能在很短时间内获得适当的曝光；另一方面，镜头能够聚集光束，可以在相机胶片或图像传感器上产生比针孔成像效果更为清晰的影像。图像质量差引起的误差用软件很难纠正，镜头的质量直接影响智能视觉系统的整体性能。因此，合理地选择和安装镜头，是智能视觉系统设计的重要环节。

3. 视觉光源

光源是影响智能视觉系统输入的重要因素，它直接影响输入数据的质量和应用效果。由于没有通用的智能视觉照明设备，所以针对每个特定的应用实例，要选择相应的照明装置，以达到最佳效果。许多工业用的智能视觉系统用可见光作为光源，这主要是因为可见光容易获得，价格低，便于操作。常用的几种可见光源是白炽灯、日光灯、水银灯和钠光灯。但是，这些光源的最大缺点是光能不能保持稳定。以日光灯为例，在使用的第一个100小时内，光能将下降15%，随着使用时间的增加，光能将不断下降。因此，如何使光能在一定程度上保持稳定，是实用化过程中急需解决的问题。另外，环境光将改变这些光源照射到物体上的总光能，使输出的图像数据存在噪声，一般采用加防护屏的方法来减少环境光的影响。存在上述问题，在现今的工业应用中，对于某些要求高的检测任务，可采用红外光、紫外光甚至X射线等不可见光作为光源[3]。

1.3.2 图像处理单元

图像处理单元对采集到的视觉信息进行处理、分析、识别，获得测量结果或逻辑控制值。这些功能的具体实现是通过智能视觉软件来完成的。智能视觉软件主要完成图像增强、图像分割、特征提取、模式识别、图像压缩与传输等算法功能，有些还具有数据存储和网络通信等功能。

根据软件的规模和功能，现有的智能视觉系统软件可以分为单任务专用软件和集成式通用组态软件两大类。单任务专用软件是专门针对某一特定测试任务研制开发的，其待测目标已知，测量算法不具有通用性。集成式通用组态软件是将众多通用的图像处理与模式识别算法编制成函数库，并向用户提供一个开放的通用平台，用户可以在这种平台上组合自己需要的函数，快速灵活地通过组态实现具体的视觉检测任务[1]。

目前智能视觉软件主要向高性能与可组态两方面发展。一方面，智能视觉软件已从过去单纯追求多功能化转向追求检测算法的准确性、高效性。优秀的智能视觉软件可以对图像中的目标特征进行快速而准确的检测，并最大限度地减少对硬件系统的依赖。另一方面，智能视觉软件正由定制方式朝着通用可视化组态方式发展。由于图像处理算法具有一定的通用性，因此多个算法工具组合使用，可快速实现多种工业测量、检测和识别。

本书主要依托于 VisionBank 智能视觉软件平台。VisionBank 智能视觉软件作为一个高性能与可组态软件，追求视觉任务的高效性和准确性，将多个图像处理算法集成到一个软件上，算法工具可组合、可分解。VisionBank 与工业相机、I/O 卡等硬件连接后，用户无须进行额外开发便可针对实际项目直接应用。本书在智能视觉应用篇的行业案例依托于该平台展开。有关 VisionBank 软件平台的使用，可参考陕西维视智造科技股份有限公司编制的参考资料《VisionBank 智能视觉软件使用指导书》。

1.4　智能视觉技术的应用

受益于配套基础设施不断完善、制造业总体规模持续扩大、智能化水平不断提高、政策利好等因素，中国智能视觉市场需求不断增长。据中商产业研究院发布的《2019 年机器视觉市场发展前景及投资研究报告》显示，2018 年中国智能视觉市场规模首次超过 100 亿元。随着行业技术水平的提升，产品应用领域更加广泛，未来智能视觉市场将进一步扩大。从细分市场来看，电子与半导体领域试产规模不断扩大。智能视觉在电子产品、半导体中的应用很多。消费类电子行业元器件尺寸较小，检测要求高，适合使用智能视觉系统进行检测。同时，消费类电子行业对精细程度的高要求也反过来促进了智能视觉技术的革新。据数据显示，2018 年消费电子及半导体领域的智能视觉市场规模已突破 20 亿元。消费类电子产品更新换代快，需求量大，进一步带动了智能视觉市场的需求。国内无人驾驶汽车市场虽处于起步阶段，但在构建的未来蓝图中已布局到多个适用领域，中国有望成为最大的无人驾驶市场，而这一趋势为汽车领域使用智能视觉技术带来了巨大的需求量。

随着智能视觉行业在国内市场的发展逐渐成熟，行业内上游及配套企业不断加大对新产品的研发及投入，自主能力增强，有望形成完善的产业链。智能视觉系统是实现仪器设备精密控制、智能化、自动化的有效途径，堪称现代工业生产的"机器眼睛"。其最大优点为可以凭借速度、精度和可重复性等优势对结构化场景进行定量测量。举例来说,在生产线上,虽然人类视觉擅长于对复杂、非结构化的场景进行定性解释,但智能视觉系统每分钟能够对数百个甚至数千个元件进行检测,在配备适当分辨率的相机和光学元件后,智能视觉系统能够轻松检验小到人眼无法看到的物品的细节特征,扩展了人类的视觉范围。

由于消除了检验系统与被检验元件之间的直接接触,因此智能视觉系统还能够防止元件损坏,也减少了机械部件磨损的维护时间和成本投入。通过减少制造过程中的人工参与,智能视觉系统还带来了额外的安全性和操作优势。此外,智能视觉系统还能够防止车间洁净室受到人为污染,也能让工人免受危险环境的威胁。另外,人类难以长时间地对同一对象进行观察,智能视觉系统则可以长时间地执行观测、分析与识别任务,并可应用于恶劣的工作环境[2]。智能视觉的应用可以实现众多的战略目标,如表 1-1 所示。

表 1-1　智能视觉应用与战略目标的实现

战略目标	智能视觉应用
提高质量	检验、测量、计量和装配验证
提高生产率	以前由人工执行的重复性任务现在可通过智能视觉系统来执行
提高生产灵活性	测量和计量、机器人引导、预先操作验证
减少机器停机时间,缩短设置时间	可预先进行工件转换编程
信息更全面,流程控制更严格	可以提供全面的数据反馈
降低设备成本	通过为机器添加视觉,可提高机器性能,延长机器寿命,避免机器过早报废
降低生产成本	智能视觉系统在生产过程中可尽早检测到产品瑕疵
降低废品率	检验、测量和计量
进行库存控制	光学字符识别和智能视觉识别
减少车间占用空间	视觉系统可嵌入到生产流水线结构中

近年来,随着机器学习和深度学习的发展,进一步助推了智能视觉技术在各个应用领域中的大展宏图。在短短几年内,深度学习软件已经可以比任何传统算法更好地对图像进行分类处理,而且可能很快就可以超越人工检查。与传统的图像处理软件(依赖于特定任务的算法)不同,深度学习软件使用多层自学习神经网络,根据提前标记的图像来训练网络模型,实现缺陷检测、目标分类等自动化应用。

本 章 小 结

    本章概述了智能视觉技术的概念、发展以及智能视觉系统的组成及应用。后续章节将从硬件(工业相机、镜头、光源)、算法(预处理、定位、测量、神经网络)、应用(定位、识别、计数、测量、综合应用)等方面展开,系统地介绍智能视觉技术及其应用。

智能视觉技术及应用

第2章 工业相机

2.1 工业相机概述

　　智能视觉系统可分为图像采集、图像处理以及图像结果显示与控制三个部分,可进一步细分为光学、图像采集、图像数字化、数字图像处理、智能判断决策和控制执行等模块[1]。智能视觉系统的图像采集模块由工业相机、工业镜头、视觉光源等硬件组成。光源为视觉系统提供充足的光照,屏蔽外界光干扰;镜头将被测物体成像到相机的视觉传感器靶面上;相机将光信号转变成有序的电信号,再将电信号转变为数字图像,以便计算机(或工控机)接收并实现图像的存储、处理、分析以及测量结果和控制信号的输出[1]。

　　工业相机是获取图像的前端采集设备,它以面阵CCD或CMOS图像传感器为核心部件,外加同步信号产生电路、视频信号处理电路及电源等组合而成[1]。工业相机作为智能视觉系统的关键组件,其本质的功能就是将光信号转变成有序的电信号。

　　本章从工业相机的分类开始,全面介绍了不同工业相机的特点;之后对工业相机的参数和术语进行了详细说明,以便读者能够对工业相机有更加深入的了解;最后,通过掌握的分类和参数特性,指导读者在实际项目需求分析时快速进行工业相机的选型,提高项目完成效率和准确率。图2-1为工业相机示例。

图 2-1　工业相机示例

2.2　工业相机的分类

工业相机由相机芯片(图像传感器)、驱动与控制电路、传输接口、光学接口等组成,如图 2-2 所示。

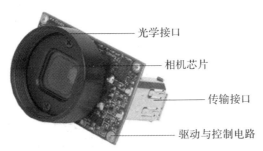

——光学接口

——相机芯片

——传输接口

——驱动与控制电路

图 2-2　工业相机结构

工业相机按照发展阶段和维度有诸多分类方式,比如按照信号输出格式、图像传感器类型、传感器像元的排列方式、数据传输接口、镜头连接接口以及成像的色彩等进行分类。接下来介绍工业相机几种常见的分类方式。

2.2.1　按照信号的输出格式分类

工业相机按照信号的输出格式可分为模拟相机和数字相机。从模拟相机到数字相机也是工业相机的发展历程。

1. 模拟相机

模拟相机是为了模拟人的视觉而设计的,采用隔行扫描的方式。模拟相机工作时先由传感器奇数行像素扫描形成奇场图像,随后由偶数行扫描形成偶场图像,由奇偶场交错合成一帧图像。由于该类型相机输出的信号是模拟量,因此被称为模拟相机。该相机可以直接连接电视机或者监视器输出图像。如果要连接 PC 机,需要配合有 A/D 转换功能的采集卡。这种相机是安防领域以及视觉检测早期发展阶段最常用的相机,相关行业标准规范有 PAL/CCIR、NTSC/EIA、SECAM 等。标准的模拟信号分辨率和帧率等参数都已经被定义好,但其图像质量在通过图像采集卡的转换时又会有损耗。

由于模拟相机奇偶场图像的曝光是交错的,所以获取的不是运动物体在同一时间段曝光的图像,因此奇偶场图像合并在一起时,会形成所谓的运动撕裂。在机器视觉系统中,这种失真较为严重,如图 2-3 所示。

智能视觉技术及应用

图 2-3　模拟相机奇偶场合并时的运动撕裂现象

消除这种失真最有效的办法是逐行扫描。逐行扫描相机可以具有和模拟相机一样的分辨率，但扫描方式不是隔行的，这种方式也是工业数字相机普遍采用的。

2. 数字相机

数字相机将 A/D 转换嵌入相机内，甚至嵌入图像传感器芯片内。例如 CMOS 芯片，相机的视频输出是二进制数字信号，可以直接连接 PC。这样的工业相机被称作工业数字相机，一般有 IEEE1394、USB2.0/3.0、Camera Link、GigE 等输出接口。

数字输出相机可以避免传输过程中的图像衰减或噪声。对于同一类像元传感器的相机来说，因为 A/D 在相机内，A/D 的时钟可直接使用图像传感器的主时钟，时钟与每一个像元的有效视频输出时间紧密配合，时钟采样的视频值准确地表达了每一个像元之中的电荷量。如果 A/D 在采集卡内，采样时钟是图像卡依据行频锁相产生的，它无法与相机的主时钟保持相位上的一致，所以图像卡的采样时间不能保证对准相机的每一个像元的视频值。这在一定的程度上带来分辨率的降低，并产生抖动误差，无法有效消除视频长线传送时引入的噪声和干扰，也无法使视频在长线内反射以降低信噪比。

数字相机图像质量好、分辨率选择范围大、帧速高，是做图像处理和视觉检测项目的优质之选。视觉系统要求分辨率提高、数据位深加大以及帧速提高，都会大大增加视频传送的速度和频带，从而对相机主时钟的频率要求也相应提高。数字相机除了非常适合于非标准的、逐行的、花样繁多的扫描格式外，它甚至可以设计成数字视频的多输出，从而成倍地提高数据输出速度和频率。

2.2.2　按照像元的排列方式分类

工业相机按照像元的排列方式可分为面阵相机和线阵相机，如图 2-4 所示。面阵相机通常应用在一幅图像采集期间相机与被成像目标之间没有相对运动的场合，如监控显示、直接对目标成像等，图像采集用一个条件或多个条件的组合来触发。线阵相机用于在一幅图像采集期间相机与被测物之间有相对运动的场合，通常是连续运动目标成像或需要对大视场高精度成像。线阵相机主要用于对卷曲表面或平滑表面、连续产品进行成像，比如印刷品、纺织品、LCD 面板、PCB、纸张、玻璃、钢板等的缺陷检测[4]。

(a) 面阵相机　　　　　　　(b) 线阵相机

图 2-4　面阵相机与线阵相机

1. 面阵相机

面阵相机实现的是像素矩阵拍摄，可以一次性获取图像并能及时进行图像采集，如图 2-5 所示。"一次"曝光可以采集一副图像，相机与被测物无须相对运动，调节简单，对操作技术人员要求低，适应于很多应用场合。例如尺寸测量、定位识别、字符识别、缺陷检测等，面阵相机可以快速准确地获取二维图像信息，非常直观。

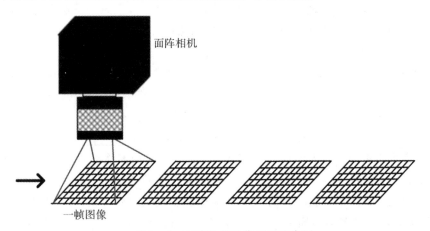

图 2-5　面阵相机工作原理示意图

2. 线阵相机

线阵相机，顾名思义图像传感器是呈"线"状的，如图 2-6 所示。应用时需要相机与被测物产生相对运动，图像才能被"织"出来。线阵相机要求运动速度与行频完全匹配才能获取比例真实的图像数据，调节起来比较复杂，对操作技术人员要求也比较高，价格相对于面阵相机也更昂贵，因此仅在运动速度较快时、大幅面和曲面上有较多应用。线阵相机的典型应用为检测连续的材料，例如印刷、布匹、纤维等。被检测的物体通常匀速运动，应用时利用一台或多台相机对被测物逐行连续扫描，以达到对整个表面的均匀检测。

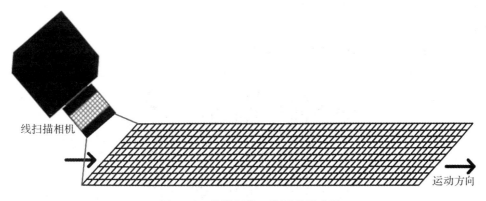

线扫描相机

运动方向

图 2-6 线阵相机工作原理示意图

2.2.3 按照图像传感器的类型分类

工业相机按图像传感器类型可分为 CCD 和 CMOS 两种,两种芯片对感光单元曝光生成的电荷的处理方式有所不同。CMOS 的每个像素都拥有可放大的电子电路,所有像素的信息均可被同时读取。相反,在 CCD 芯片中,从像素中采集的电子需要首先制造电场以进行转移,然后被 A/D 转换器读取。此过程减慢了读取速度,会引起更高的电力消耗和更多的发热量。此外,如果在以 CCD 为基础的技术上需要更高的分辨率,则必须要有额外的技术进行辅助。图 2-7 为 CCD 和 CMOS 的工作原理对比。

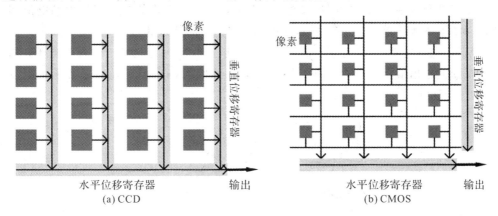

图 2-7 CCD 和 CMOS 的工作原理对比

1. CCD 的工作原理

CCD 是 20 世纪 60 年代末期由贝尔试验室发明的,在硅片上由整齐排列的光敏二极管单元组成。二极管单元整齐地排成一个矩形方阵,其中每一个光敏单元称为像元,如图 2-8

13

所示。当光照射到硅片上的方阵时，每一个像元中的原子在具有一定能量的光子作用下，电子从原子中逃逸，形成了一对自由电子和失去电子的原子空穴（即电子-空穴对）。投射到光敏单元上的光线越强，产生的电子-空穴对越多。

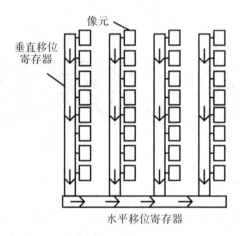

图 2-8　CCD光敏二极管单元

在硅片上这些电子是可以和空穴分离的，并可以收集起来。电子-空穴对的分离和收集用半导体中的势阱就可以完成，就像用水桶收集雨水一样，如图 2-9 所示。排列的水桶相当于排列的光敏单元（像元），它们像收集雨水似的收集由光子作用产生的电子。电子数目取决于光照强度和收集（积分）时间的长短。收集完成后，最右边的"桶"将桶中的电荷倒入设在输出端的电子测量单元。电荷/电压转换单元将电子转换成相应的电压，形成了一个像元的视频信号。最右边"桶"中的电子倒空后，又可以接收从旁边"桶"中倒入的电子。相邻"桶"之间不断向输出端倒换（移位）桶中的电荷，直至倒换（移位）到输出端的电子测量单元，转换成像元电压。

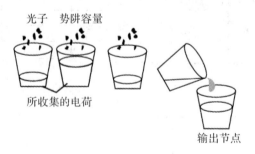

图 2-9　电子—空穴对的分离和收集

构成 CCD 的基本单元是 MOS（金属-氧化物-半导体）结构。在金属栅极和半导体之间加上电压后，就形成了能存储电荷的势阱。当光线照射在这个二极管上时，能在势阱中产生与光能量成正比的电荷。同时，这个势阱还有累积功能，当光线在一时间段内照射时，它能将这一时间段内由光线强弱产生的电荷累积起来。当多个栅极紧紧排列在一起（间隙宽度小于3 μm），并在它们上面加上按一定规律变化的电压时，存储在势阱中的电荷就可以移动起来。

图 2-10 为 CCD 电荷储存过程示意图。初始状态如图 2-10(a)所示，当电极②从 2 V 变为 10 V 时，电极①势阱中的电荷流向电极②，如图 2-10(b)所示，并和电极①平均分配，也称电荷耦合，结果如图 2-10(c)所示；当电极①由 10 V 降为 2 V 时，如图 2-10(d)所示，电极①中的电荷全部倒入电极②下的势阱，这样电极①中代表像元光照强度的电荷移位到电极②下的势阱，如图 2-10(e)所示。这种电荷从一个电极（电荷寄存器）到另一个电极的移位就是 CCD 的基本动作。使用这种移位将阵列中的每一个像元电荷逐行、逐列地转移至输出端的电荷/电压转换单元，就形成了以电压代表像元光照强度的视频信号，这也是将 CCD 称为电荷耦合器件的原因。

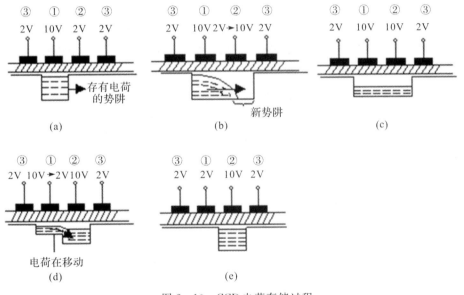

图 2-10 CCD 电荷存储过程

2. CMOS 的工作原理

CMOS 将 NMOS（N Metal Oxide Semiconductor）和 PMOS（Positive Channel Metal Oxide Semiconductor）两个极性相反的 MOS 半导体串起来，形成了集成电路中广泛使用的基本单元。无论 CCD 还是 CMOS，它们都是用光敏像元阵列将入射的光图像转换成像元内的电荷，所不同的是将这些像元中的电荷取出并转换成电压的方式和途径不同。前面提到，CCD 是用电荷量来载荷图像信息的，CMOS 是用电压量来载荷图像信息的。在 CCD 中，像元将光转换为电荷后，用电荷耦合的方法，将电荷逐点、逐行地用电荷移位寄存器移出至电荷/电压转换器，最后图像信息用电荷的形式在芯片内移动输出；而 CMOS 则以完全不同的方式将图像信息送出像元阵列，每一个像元光敏单元都有一个电荷/电压转换单元与之相伴，像元电荷转换成为电压，再通过与之对应的矩阵开关将电压送出阵列，所以 CMOS 的图像信息是以电压的形式传送输出的[5]。正是由于这种完全不同的结构，才使它们拥有了各自的长处和短处。

3. CCD 和 CMOS 的对比

(1) 成像过程。CCD 与 CMOS 图像传感器光电转换的原理相同，它们最主要的差别在于信号的读出过程不同：由于 CCD 仅有一个（或少数几个）输出节点统一读出，因此其信号输出的一致性非常好；而 CMOS 芯片中，每个像素都有各自的信号放大器，各自进行电荷—电压转换，其信号输出的一致性较差。但是 CCD 为了读出整幅图像信号，要求输出放大器的信号带宽较宽；而在 CMOS 芯片中，每个像元中放大器的带宽要求较低，极大降低了芯片的功耗。这也是 CMOS 芯片功耗比 CCD 要低的主要原因。尽管降低了功耗，但数以百万的放大器的不一致性带来了更高的固定噪声，这又是 CMOS 相对 CCD 的固有劣势。

(2) 集成性。从制造工艺看，CCD 中的电路和器件是集成在半导体单晶材料上的，工艺较复杂，世界上只有少数几家厂商能够生产 CCD 晶元，如 DALSA、SONY、松下等。CCD 仅能输出模拟电信号，需要后续的地址译码器、模拟转换器、图像信号处理器处理，并且还需要提供多组不同电压的电源和同步时钟控制电路，集成度非常低。而 CMOS 是集成在被称作金属氧化物的半导体材料上的，这种工艺与生产数以万计的计算机芯片和存储设备等半导体集成电路的工艺相同，因此生产 CMOS 的成本相对 CCD 低很多。同时，CMOS 芯片能将图像信号放大器、信号读取电路、A/D 转换电路、图像信号处理器及控制器等集成到一块芯片上，只需一块芯片就可以实现相机的所有基本功能，集成度很高，芯片级相机概念就是由此产生的。

(3) 速度。CCD 采用逐个光敏元输出，只能按规定的程序输出，速度较慢。CMOS 有多个电荷—电压转换器和行列开关控制，读出速度快很多，目前大部分 500 f/s 以上的高速相机都是 CMOS 相机。此外，CMOS 的地址选通开关可随机采样，实现子窗口输出，在仅输出子窗口图像时可以获得更高的速度。

(4) 噪声。CCD 技术发展较早，比较成熟，采用 PN 结或二氧化硅隔离层隔离噪声，成像质量相对 CMOS 光电传感器有一定优势。由于 CMOS 图像传感器集成度高，各元件、电路之间距离很近，因此干扰比较严重，噪声对图像质量的影响很大。2009 年，Andor、Fairchild 和 PCO 三家公司联手推出科学技术 SCMOS 芯片（Scientific CMOS），使 CMOS 芯片在噪声控制上取得了很大突破，这将改变 CCD 在高端科学级成像领域里独领风骚的格局。

(5) 功耗。CCD 需要 3 路电源来满足特殊时钟驱动的需要，其功耗相对较大；CMOS

图像传感器只需一个电源供电，其功耗仅为 CCD 的 1/10。

目前，在机器视觉领域，即使是在对图像质量要求不是很高的大部分应用中，由于传统市场的影响，使用 CCD 的比例仍然很高。虽然 CMOS 发展很快，但在可预见的将来，它们还是会同时存在，各自占领有优势的领域。

2.2.4 按照相机接口分类

工业相机按照相机数据接口可分为多种。总的来说，相机数据接口可以分为模拟接口和数字接口两大类。模拟接口主要是利用模拟数据采集卡与图像处理设备相连，数据传递的速度和精度较差，但价格低廉，目前在机器视觉系统中还有少量应用。数字接口是目前相机接口的主流技术，以下介绍最常用的几种数字接口[1]。

1. Camera Link 接口

Camera Link 标准由美国自动化工业学会定制、修改、发布，Camera Link 接口解决了工业相机高速传输的问题，只要是符合 Camera Link 标准的摄像机和图像卡就可以在物理上互相接入。Camera Link 标准包含 Base、Medium、Full 三个规范，但都使用统一的线缆和接插件。Base 使用 4 个数据通道，Medium 使用 8 个数据通道，Full 使用 12 个数据通道。Camera Link 标准支持的最高数据传输率可达 5.44 Gb/s(Full)。Camera Link 标准中还提供了一个双向的串行通信连接。图像卡和摄像机可以通过它进行通信，用户可以通过从图像卡发送相应的控制指令来完成摄像机的硬件参数设置和更改。Camera Link 接口价格昂贵，使用时需要配套专用采集卡，因此主要应用于高速工业相机以及高分辨率工业相机中，4K 以上的线阵相机最为常见，最大传输距离为 10 m。图 2-11 为 Camera Link 接口示意图。

图 2-11　Camera Link 接口示意图

2. IEEE 1394(FireWire)接口

IEEE 1394 接口又称火线(FireWire)，简称 1394 接口，最早是由美国苹果公司开发的用于计算机网络互联的接口，用于数码产品与计算机及其他机器之间的连接。1394 接口按照发展阶段分为 1394A 和 1394B。1394A 的数据传输率为 400 Mb/s，1394B 的为 800 Mb/s，应用于工业相机的传输距离可达 10 m。接口可以提供 DC 12V 的供电，在很长一段时间其由于具有传输距离远和抗干扰能力强等优势，很有发展前景。但是，由于接口没有完全普及推广，因此目前基本已经被工业相机行业舍弃。图 2-12 为 1394A 接口示意图。

图 2-12　IEEE 1394A(FireWire)接口示意图

3. USB 接口

USB 接口是 PC 通用的外围设备接口，是应用非常普遍的接口，支持热插拔，方便连接，传输速率可达 480 Mb/s[1]。每根 USB 接线的长度可达 5 m，USB 连线提供 5 V/500 mA的电源。目前 USB 接口有两种，分别是 USB2.0 接口和 USB3.0 接口(部分还有USB3.1)。

USB2.0 接口是最早应用的数字接口之一，开发周期短，成本低廉，是目前最为普通的类型。缺点是其传输速率较慢，理论速度只有 480 Mb/s(即 60 MB/s)。在传输过程中 CPU参与管理，占用及消耗资源较大。USB2.0 接口不稳定，传输距离短，信号容易衰减。

USB3.0 接口在 USB2.0 的基础上新增了两组数据总线，为了保证向下兼容，USB3.0保留了 USB2.0 接口的一组传输总线。在传输协议方面，USB3.0 除了支持传统的批量传输协议(Bulk Only Transport，BOT)外，新增了 USB Attached SCSI Protocol (UASP)，可以完全发挥出 5 Gb/s 的高速带宽优势。

由于 USB 接口没有工业图像传输标准，且有丢包率严重、传输距离短、稳定性差的问题，因此在工业应用中，USB 接口并不是最佳选择。图 2-13 为 USB2.0 接口示意图。

图 2-13　USB2.0 接口示意图

4. Gigabit Ethernet 千兆网接口

千兆以太网技术作为最新的高速以太网技术，给用户带来了提高核心网络效率的有效解决方案，这种解决方案的最大优点是继承了传统以太技术价格便宜的特点。千兆以太网技术仍然是以太技术，它采用了与 10 Mb/s 以太网相同的帧格式、帧结构、网络协议、全/半双工工作方式、流控模式以及布线系统。升级到千兆以太网不必改变网络应用程序、网管部件和网络操作系统，能够最大限度地节约成本[6]。图 2-14 为千兆网接口示意图。

图 2-14　Gigabit Ethernet 千兆网接口示意图

千兆以太网的主要特点如下：

（1）简易性。千兆以太网继承了以太网、快速以太网的简易性，其技术原理、安装实施和管理维护都很简单。

（2）扩展性。千兆以太网采用了以太网、快速以太网的基本技术，由 10Base-T、100Base-T 升级到千兆以太网非常容易。

（3）可靠性。千兆以太网保持了以太网、快速以太网的安装维护方法，采用星型网络结构，具有很高的可靠性。

（4）经济性。千兆以太网是 10Base-T 和 100Base-T 的继承和发展，一方面降低了研发成本，另一方面由于 10Base-T 和 100Base-T 的广泛应用，作为其升级产品，千兆以太网的大量应用只是时间问题。目前 Dalsa、JAI、Basler、Microvision 等公司都有千兆以太网相机产品。

（5）可管理维护性。千兆以太网采用简单网络管理协议和远程网络监视等网络管理技术，许多厂商开发了大量的网络管理软件，使千兆以太网的集中管理和维护非常简便。

（6）广泛应用性。千兆以太网为局域主干网和城域主干网（借助单模光纤和光收发器）提供了一种高性价比的宽带传输交换平台，使得许多高宽带应用能施展其魅力。例如，可以在千兆以太网上开展视频点播业务和虚拟电子商务等。

2.2.5　按照成像色彩分类

工业相机按成像色彩可分为彩色相机和黑白相机，其中彩色相机有 RGB 格式（3CCD 彩

色相机)和 Bayer 格式(单 CCD 彩色相机)等。图 2-15 为黑白相机和彩色相机成像示意图。

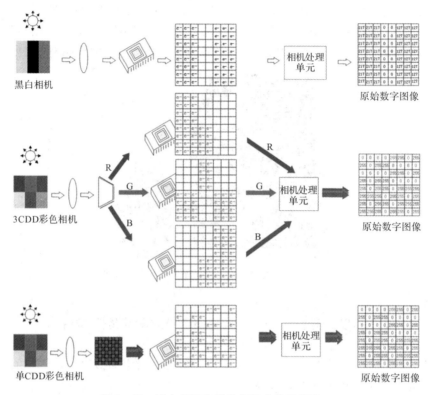

图 2-15　黑白相机和彩色相机成像示意图

　　黑白相机直接将光强信号转换成图像灰度值,生成的是灰度图像;而彩色相机能获得景物中红、绿、蓝三个分量的光信号,输出彩色图像。因此,彩色相机能够提供比黑白相机更多的图像信息。彩色相机的实现方法主要有两种,棱镜分光法和 Bayer 滤波法。棱镜分光彩色相机利用光学透镜将入射光线的 R、G、B 分量分离,在三片传感器上分别将三种颜色的光信号转换成电信号,最后对输出的数字信号进行合成,得到彩色图像。Bayer 滤波彩色相机是在传感器像元表面按照 Bayer 马赛克规律增加 RGB 三色滤光片,输出信号时像素 RGB 分量值是由其对应像元和其附近像元共同获得的,工业相机普遍采用 Bayer 彩色的方式[7]。

2.2.6　智能工业相机

　　智能工业相机是一种高度集成化的微小型机器视觉系统。它将图像传感器、A/D 转换、图像缓存、信号处理器、通讯接口等机器视觉系统集成于单一相机内,从而提供了多功能、模块化、高可靠性、易于实现的机器视觉系统。同时,由于应用了最新的数字信号处理

(Digital Signal Processing)、现场可编程门阵列(Field Programmable Gate Array)及大容量存储技术，其智能化程度不断提高，可满足多种机器视觉的应用需求[1]。

1. 智能工业相机的组成

智能工业相机一般由图像采集单元、图像处理单元、图像处理软件、网络通信装置等构成[1]。各部分的功能如下：

（1）图像采集单元。在智能工业相机中，图像采集单元相当于普通意义上的 CCD/CMOS 相机和图像采集卡，它将光学图像转换为数字图像，并输出至图像处理单元。

（2）图像处理单元。图像处理单元类似于图像采集/处理卡，它可对图像采集单元的图像数据进行存储，并在图像处理软件的支持下进行图像处理。

（3）图像处理软件。图像处理软件主要是在图像处理单元硬件环境的支持下，完成图像处理功能，如几何边缘的提取，图像的滤波和降噪，灰度直方图的计算、定位和搜索等。在智能工业相机中，以上算法通常都封装成软件模块，用户可直接应用而无须编程。

（4）网络通信装置。网络通信装置完成控制信息、图像数据的通信任务。集成式机器视觉系统一般均内置以太网通信接口，并支持多种标准网络和总线协议，从而使多套集成式机器视觉系统构成更大的机器视觉系统网络。

2. 智能工业相机的优势与不足

智能工业相机具有易学、易用、易维护、安装方便等特点，可在短期内构建起可靠而有效的机器视觉系统，其优势主要表现在以下几方面：

（1）应用便捷。智能工业相机已固化了成熟的视觉功能，同时提供了便捷的配置界面，无须编程，可以快速实现定位、几何测量、有/无检测、计数、字符识别、条码识别、颜色分析等功能，可适应大多数机器视觉应用。

（2）稳定性高。智能工业相机实现了图像采集单元、图像处理单元、图像处理软件、网络通信装置的高度集成。通过可靠性设计和测试，其硬件的兼容性比从不同制造商购买的板卡、相机、PC 组成的机器视觉系统更好，稳定性更高[8]。

（3）体积小。智能工业相机结构紧凑，尺寸小，易于安装在工业生产线和各种设备上，且便于装卸和移动。

（4）可提供网络功能。智能工业相机通常可提供较好的网络功能，借助网络优势，可以实时地应用到每一个工业监测点。

（5）成本低。智能工业相机集采集、处理于一身，不用配置 PC 系统和图像采集卡，大大降低了视觉系统的成本。同时，智能工业相机的组成部件少，因此其故障少，也就降低了维护成本。

智能工业相机的不足主要体现在以下两方面：

（1）处理能力较低。PC 系统可以通过较高的配置实现高速的处理，适应更高的检测要求,如配置高速高分辨率的相机、高速处理器等。对于智能工业相机而言,由于集成化的设计,受到处理器、内存等方面的限制,不适合对大数据量进行复杂的运算。在要求高速和高精度的场合,集成式机器视觉系统目前还无法和基于 PC 的视觉系统较量。

(2) 灵活性较差。基于 PC 的视觉系统可以适应复杂的应用,可以更灵活地进行配置和控制。在算法上,可以通过各种高级语言实现复杂运算。当要提高精度时可以通过提高系统配置、增加相机数量来实现。智能工业相机在这一点上稍弱一些,通常其用户仅能配置固定的功能。

智能工业相机与基于 PC 的视觉系统的基本特性对比如表 2-1 所示。

表 2-1　智能工业相机与基于 PC 的视觉系统的对比

比较项目	基于 PC 的视觉系统	智能工业相机
可靠性	较好	较好
体积	大	微小型、结构紧凑
网络通信	好	较好
设计灵活性	很好	有限
功能	可扩展	有限
软件	需要编程	无需编程

3. 智能工业相机的发展趋势

由于智能工业相机具有结构简单、易于集成、功能强大、使用方便、性价比高等特点,在机器视觉的各个领域都具有广阔的市场前景。在可以预见的将来,集成式机器视觉系统将呈现以下发展趋势:

(1) 接口的标准化。在工业控制领域存在着各种设备之间互联和通信的要求,为便于设备之间的通信,接口及协议的标准化(如工业以太网)就显得越来越重要了,集成式机器视觉系统作为实现工厂自动化的重要组件之一,当然也不例外。

(2) 系统模块化。将光源、电源、控制模块甚至一些传感器与智能工业相机集成在一起,构成一个更完整的视觉系统,这样使应用起来更加方便,系统的稳定性也更高。

(3) 功能专业化与通用化。这是集成式机器视觉系统两个不同的发展方向。有些开发商倾向于开发出适用于某些行业、某些特定应用的集成式机器视觉系统,而另外一些厂家则倾向于开发适用范围更广、功能更齐全的通用性产品。

(4) 产品多样化。硬件技术的发展和市场需求多样化的要求,使得集成式机器视觉系统的多样化成为必要趋势。

2.3 工业相机的参数

为了方便读者更加深入的了解工业相机，本节将对工业相机的基本参数进行介绍。

1. 像素

图像传感器由许多像素点按照一定的次序排列，它是组成图像传感器的最小单元，像元一般为正方形。图 2-16 为图像传感器的像素点示意图。

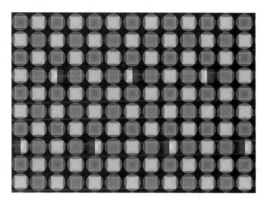

图 2-16　图像传感器的像素点示意图

2. 像素尺寸

像素尺寸也叫像元尺寸，是指每个像素的实际大小。像元为正方形，单位为 μm，像元大小和像元数(分辨率)共同决定了相机靶面的大小，工业相机像元尺寸一般为 1.4～14 μm。像元尺寸从某种程度上反映了芯片对光的响应能力，像元尺寸越大，能接收到的光子数量越多，在同样的光照条件和曝光时间内产生的电荷数量越多。像元尺寸越小，制造难度越大，适配的镜头也比较少，图像质量也越不容易提高。

3. 分辨率

分辨率用来描述传感器有效像元(像素)的分布情况。

面阵相机：像素以矩阵形式进行排列，用横向像素点数(H)×竖向像素点数(V)表示，其乘积接近于相机的像素值，即我们平时说的多少万像素。常用的面阵工业相机像素值为 120 万(1280×960)、200 万(1600×1200)、500 万(2592×1944)像素等。

线阵相机：像素以直线的形式排列，竖向像素点一般有 1～4 行，描述按照横向像素点数(H)分为 1K、2K、4K、6K、8K、16K 等(1K＝1024)。

图像包含的数据越多，图像文件就越大，越能表现更丰富的细节。但更大的文件也需要耗用更多的计算机资源、更多的内存以及更大的硬盘空间等。

4. 传感器尺寸

面阵传感器尺寸是指传感器的实际大小，用对角线实际长度表示传感器尺寸，以英寸($''$)为单位，表示为$(X/Y) \times 1''$(这些规格也是沿袭了视频真空管的习惯，并非其实际尺寸，因此这里的 $1'' = 16\ \text{mm}$，并非 $25.4\ \text{mm}$)，常见的长宽比为 $4 : 3$，如图 2-17 列出了常见的面阵传感器尺寸，图 2-18 展示了它们的大小对比。

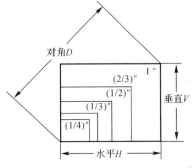

CCD尺寸	图像尺寸/mm		
	水平H	垂直V	对角D
1"	12.8	9.6	16.0
(2/3)"	8.8	6.6	11.0
(1/2)"	6.4	4.8	8.0
(1/3)"	4.8	3.6	6.0
(1/4)"	3.6	2.7	4.5

图 2-17　常见的面阵相机传感器尺寸

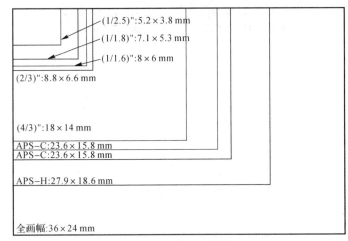

图 2-18　面阵相机传感器尺寸对比

注：APS-C(Advanced Photo System type-C)即先进摄影系统 C 型，是数码相机所使用的图像传感器的一种规格。

线阵相机根据传感器型号的不同而略有不同，用传感器实际长度来描述，单位是 mm，可通过每行像素数×像元大小得出。

5. 采集速度(行频/帧频)

相机的行频/帧频表示相机采集图像的频率。面阵相机通常用帧频表示，指相机采集传输图像的速率，每秒采集或曝光的帧数，一般为该相机支持的最大曝光次数，单位为 f/s（frame per second）。如 30 f/s 表示相机在 1 秒钟内最多能采集 30 帧图像。线阵相机通常用行频表示，指传感器每秒钟采集或曝光的行数，一般为最大曝光行数，单位 kHz。如 12 kHz 表示相机在 1 秒钟内最多能采集 12 000 行图像数据。采集速度是相机的重要参数，在实际应用中很多时候需要对运动物体成像，采集处理时间越长，帧率就越低。如果帧率过低，画面就会产生停顿、跳跃等现象，相机的速度需要满足一定要求才能清晰准确地对物体成像。相机的帧频和行频首先受到芯片的帧频和行频的影响，芯片的设计最高速度又主要由芯片所能承受的最高时钟决定[7]。

6. 像素位深

像素位深（Pixel Depth）即每像素数据的位数。像素位深也叫数据位数，一般为 8 位、12 位、14 位、16 位等。主要是指在相机内部进行模拟信号转数字信号后，需使用多少位数据来描述单个像素点的图像信息。对于每一个像元灰度值，都有统一的比特位数。像素位深一般是 8 位，输出的图像灰度等级是 2 的 8 次方，即 0～255 共 256 级。一般来说，数据位数越高，描述的数据越精确，像元深度越大。像素位深大固然可以增强测量的精度，但同时也降低了系统的运行速度，需要谨慎选择。图 2-19 展示了 8 位数据对应的 256 级灰度。

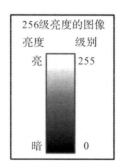

图 2-19　八位数据对应的 256 级灰度

7. 曝光时间 & 曝光方式

传感器将光信号转换为电信号形成一帧图像，每个像元接受光信号的过程叫曝光，所花费的时间叫曝光时间，也叫快门速度。

面阵相机：面阵相机的曝光分为行曝光与帧曝光。行曝光也叫卷帘快门，是指从传感器左上角开始逐行曝光；帧曝光也叫全局快门，是指整个传感器所有像素同时曝光。

线阵相机：线阵相机不同的相机曝光方式不同，常见的为从左向右曝光，其他还有从右向左、从左右向中间等曝光方式。

8. 采集方式

工业相机一般都有三种采集方式，分别为连续采集、软触发采集和外触发采集。连续采集是指相机通过内部时钟控制，根据设定的曝光时间，持续进行采集；软触发采集和外触发采集模式下，相机处于"待机"状态，只有收到触发信号时，才会采集一帧。软触发是软件提供采集信号，外触发是外部设备通过 I/O 接口提供采集的脉冲信号，一般为上升沿或下降沿。

9. Bayer 彩色转换

Bayer 彩色转换是实现 CCD 或 CMOS 传感器拍摄彩色图像的主要技术之一，其原理是在相邻的像元传感器上覆盖彩色滤波阵列（Color Filter Array，CFA），使得入射的光在照射到传感器之前进行色彩分离，Bayer 彩色转换原理如图 2-20 所示。由于传感器的每个像素仅能采集一种颜色信息，模拟人眼对色彩的敏感程度，用 2×2 像素阵列（1 红 2 绿 1 蓝）的方式将灰度信息转换成彩色信息。彩色滤波阵列是一个 4×4 阵列，由 8 个绿色、4 个蓝色和 4 个红色像素组成，在将灰度图像转换为彩色图像时会以 2×2 矩阵进行 9 次运算（反马赛克算法），最后生成一幅彩色图像。

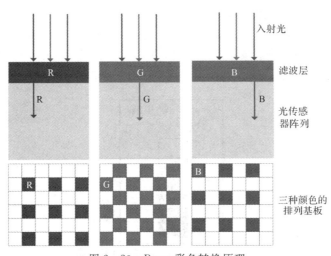

图 2-20　Bayer 彩色转换原理

10. 白平衡

白平衡功能仅用于彩色 Bayer 相机，其主要功能是实现相机图像对实际景物的精确反映。简单地说，白平衡就是无论环境光线如何，仍然把"白"定义为"白"的一种功能。由于传感器本身没有这种功能，会出现某一颜色色值过低，因此就有必要对它输出的信号进行一定的修正，这种修正就叫作白平衡。一般来说，彩色相机配套软件中都有这个参数，调节 R、G、B 三色（部分相机调节其中的两种颜色），可以得到真实的色彩。

11. 帧存

帧存指的是相机内部的一个缓存单元，主要用于将传感器采集到的图像数据进行缓存，然后再向外传输。一般存储空间可缓存两张以上图片数据，可防止因为数据堵塞造成的数据丢失。

12. 噪声

相机的噪声是指成像过程中不希望被采集到的、实际成像目标外的信号。根据欧洲相机测试标准 EMVA 1288，相机中的噪声可以分为两类，一类是由有效信号带来的符合泊松分布的统计涨落噪声，也叫散粒噪声(Shot Noise)。这种噪声对任何相机都是相同的，不可避免，有其确定的计算公式(噪声的平方＝信号均值)。第二类是相机自身固有的与信号无关的噪声，它是由图像传感器电路、相机信号处理与放大电路等带来的噪声，每台相机的固有噪声都不一样。另外，对数字相机来说，对视频信号进行模/数转换时会产生量化噪声，量化位数越高，噪声越低[7]。

13. 信噪比

相机的信噪比定义为图像中信号与噪声的比值(有效信号平均灰度值与噪声均方根的比值)，代表了图像的质量；图像信噪比越高，图像质量越好[7]。

14. 动态范围

相机的动态范围表明相机探测光信号的范围。动态范围可用两种方法来界定：一种是光学动态范围，指饱和时最大光强与等价于噪声输出的光强的比值，由芯片的特性决定；另一种是电子动态范围，它指饱和电压和噪声电压之间的比值。对于固定相机，其动态范围是一个定值，不随外界条件变化而变化。在线性响应区，相机的动态范围定义为饱和曝光量与噪声等效曝光量的比值：

$$DR = LFWC/ENS \qquad (2.1)$$

其中，DR 是动态范围，LFWC 是光敏源满阱容量，ENS 是等效噪声信号，动态范围可以用倍数、dB 或 bit 等方式来表示。动态范围大，则相机对不同的光照强度的适应能力强[7]。

15. 光谱响应特性

光谱响应特性是指像元传感器对不同光波的敏感特性，一般相机的响应范围是 350～1000 nm。彩色相机在传感器和镜头之间加了一个滤镜，滤除红外光线，因此彩色相机只响应可见光波段，如图 2-21 所示，横轴表示不同波长，纵轴表示响应能力。

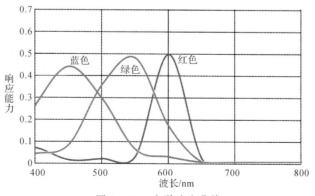

图 2-21 光谱响应曲线

智能视觉技术及应用

2.4　工业相机的选型

一款合适的工业相机对于项目来说至关重要，它不仅仅影响预算成本，也影响后期的服务维护成本，图 2-22 为相机选型流程。选择工业相机有两个非常重要的方面，具体如下：

第一，精准的需求分析。必须准确了解检测对象的材质、运动速度、检测类型、检测范围、重复检测精度、空间限制、现场布线情况、可能出现的干扰因素等。

第二，深度理解工业相机参数。依据基本需求可计算出相机的参数，然后根据参数备选几个型号的相机进行实际测试，根据测试结果选择最为合适的相机。

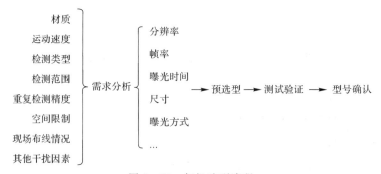

图 2-22　相机选型流程

1. 分辨率的确定

在实际使用时，我们通常需要知道图像单位（像素）和实际物理单位（mm）之间的对应关系，即视觉系统所能达到的精度（以下均以水平方向为例），对应的计算公式为

$$TA = \frac{FOV}{RP} \tag{2.2}$$

其中，TA 是理论精度，FOV 是视野范围，RP 是分辨率。例如：视野（水平方向）的长度是 160 mm，200 万相机水平分辨率是 1600，所以视觉系统精度为 160 mm/1600 像素＝ 0.1 mm/像素，表示图像中每个像素对应 0.1 mm，即为视觉系统的理论精度。

需要注意的是：① 这样计算出来的分辨率，精度要求 0.1 mm 只能占 1 个像素，对软件要求比较高，建议有条件情况下，占到至少 3 个像素；② 分辨率选择合适的就可以，它只是一个图像的画面大小，切忌盲目地选择分辨率高的相机，这样会导致图像处理效率下降，影响检测效率，同时分辨率高时帧率一般会下降。

2. 曝光时间的确认

图像拖尾是由于在曝光时间内，物体在图像上产生了相对像素移动，从而形成拖尾（图像变模糊）。理论上，如果曝光时间足够小，在曝光时间内，物体运动在 1 个像素内，那么就可以认为

28

图像是没有拖尾并且是清晰的。很多人认为为了避免拍摄运动物体时模糊，要选择帧率高的相机，其实选择最小曝光时间足够短的就可以了。图 2-23 展示了产生拖尾现象的图片。

(a) 静止清晰图像   (b) 动态拖尾图像

图 2-23　静止清晰图像与动态拖尾图像

　　对于运动的物体来说，快门时间越短，所获取的图像越精确。但过短的曝光时间会大大提高对光照强度的要求，给光照技术带来很大的困难，所以应选择合适的快门时间。快门时间与物体的大小、运动速度、物体至镜头的距离等因素有关，特别是和机器视觉系统对获取图像的精度要求有关，精度以像元为单位。

　　当误差精度为 1 个像元时，像元的尺寸为

$$P = T \times V \times \text{PMAG} \tag{2.3}$$

$$T = \frac{P}{V \times \text{PMAG}} = \frac{P \times O}{L \times V} \tag{2.4}$$

其中，P 是像元尺寸，T 是曝光时间，PMAG 是放大倍数，V 是物体的运动速度，O 是物体的宽度尺寸，L 是图像传感器的宽度尺寸。

3. 曝光方式的确认

　　针对运动模式下的采集，只能选择全局曝光(也叫帧曝光)的方式。运动时行曝光相机每行开始会产生一个时间差，从而导致图像的变形。需要注意的是 CMOS 相机也有全局曝光。图 2-24 展示了行曝光和帧曝光的图像。

(a) 行曝光(小曝光时间)   (b) 帧曝光(小曝光时间)

图 2-24　行曝光与帧曝光

4. 采集模式的确认

连续运动模式下的检测，需要准确抓取到被测物，推荐选择支持外触发功能的相机。通过相机预留外触发接口，可连接传感器或 PLC 进行准确时机的抓取，缩小定位区域，提高检测效率。一般情况下，此类相机有连续采集、软触发采集、外触发采集三种采集模式，连续采集可以实时进行观察和调整。图 2-25 为连续采集模式和外触发采集模式的样例图。

图 2-25　连续采集模式与外触发采集模式

5. 帧率的确认

涉及物体运动轨迹的情况下需要选取尽可能高的帧率才能保证运动轨迹点的密度，对于一般的应用，只需要能抓拍到被测物即可。相机的最低帧率等于运动速度/视野时可以保证运动时不漏拍以及成像在画面中心。图 2-26 所示的中间图像未达到最低帧率要求，因此没有拍到。

图 2-26　帧率确认过程

6. 色彩的确认

一般的工业项目都建议选用黑白相机，因为黑白相机除可见光外，可以感应到 1100 nm 的近红外区域。而彩色相机为避免红外光在 Bayer 转换时对色彩的影响，图像传感器前面都加装了红外截止滤光片，只允许可见光范围内的光线透过，因此如项目要求感应红外光，必须使用黑白相机。图 2-27 为加装红外截止滤光片的彩色相机。

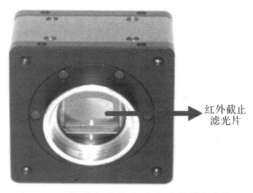

图 2-27　加装红外截止滤光片的彩色相机

7. 灵活使用多相机

使用两台相机测量被测物的两个边缘，并将结果进行合并，或者使用多台面阵相机分区域检测或者单相机轮询拍照的方式，可以解决大面积检测的难题。图 2-28 为两个相机测量与单相机轮询拍照示意图。

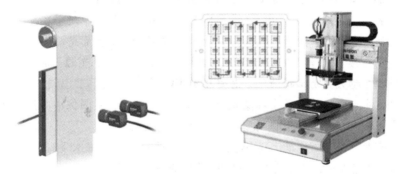

图 2-28　两个相机测量与单相机轮询拍照示意图

8. 其他参数的确认

（1）画面中有强亮光时，推荐使用 CMOS 相机，避免使用 CCD 相机产生 Blooming 现象。

（2）尽量选择像元尺寸大一些的相机，除了感光度好之外，更容易使镜头弥散圆和像元尺寸匹配。

（3）根据传输特性（传输距离、抗干扰能力）选择适合的数据接口。

（4）大幅面、高速运动、轴侧面检测时，选择线阵相机，需要有运动机构使运动速度和相机行频完全匹配才能得到理想的图片效果。

（5）支持外触发功能的相机，一般具有闪光灯输出功能，可以控制外部光源的亮和灭，从而配合相机完成采集。

9. 容易混淆的问题

在了解了一般相机的选型依据后，还需要关注以下几个容易混淆的问题，以便选择最适合的相机：

（1）相机的数据接口类型选择无限制。数字相机（摄像机）的数据接口包括千兆网口、1394口、USB口等。从功能上讲，其都用于图像数据传输和相机参数控制。但是，不同的接口协议在数据传输层面各有优劣。从工业应用角度来说，以数据传输稳定性为主要依据，综合传输距离、通用性、易用性等，相应的优劣次序为千兆网＞1394A/B（及 Camera Link）＞USB3.0＞USB2.0。

（2）相机分辨率越高越好。倾向于使用高分辨率相机主要是为后期图像处理留出更多余量，但这样并不一定最合适。项目选型中应该在实际需求的基础上计算出需要的每一个像素点，然后选择弥散圆最佳匹配镜头和光源，保证每一个像素都是"有效像素"，从而降低系统开销。低分辨率意味着更高的速度、更低的功率和更高的稳定性。选择时需要根据图像最终的用途决定合适的分辨率。这里的技巧是首先要保证图像包含足够多的数据，能满足最终输出的需要；同时也要适量，尽量少占用计算机的资源[1]。

（3）分辨率越高，图像越清晰。分辨率指图像像素点的数量。对于民用相机来说，像素点越多，密度越高，图像越清晰。但是在工业相机领域，像素点都是一个挨一个平铺的，工业相机图像的清晰度和像素点的数量无关，而是和芯片、镜头、光源等有关。

（4）芯片尺寸越大，成像越清晰。芯片的作用是将光强度转换为电压（CMOS）或电荷（CCD）。芯片尺寸越大，往往意味着像元尺寸越大；像元尺寸跟图像清晰度无关，与感光性有关。图像的清晰度与镜头弥散圆和像元尺寸的匹配度有关。

（5）动态范围越高越好。动态范围描述的是相机能兼容的最大明暗范围。动态范围越大，同一帧图像中能显示的"最亮"和"最暗"差别越大。动态范围大的相机，其图像包含的信息量就越大。但是，图像处理是一个信息筛选的过程，只要需要的信息被清晰显示即可。

10. 线阵相机选型

前面介绍的选型同时适用于线阵相机和面阵相机，但线阵相机的选型还有其特殊性，在使用线阵相机检测运动物体时，需要注意以下问题：

（1）确认被测对象的运动特点。如果是匀速运动且被测对象为等间隔到达的理想状态，则可使用连续采集和软触发（类似面阵相机软触发）；如果是匀速运动但被测对象为不等距到达，则使用帧触发采集（类似面阵相机外触发）；如果是非匀速运动，则使用线触发（行触发），即把速度解码为不同频率的触发信号，通常需要编码器来实现，以达到逐行触发采集的目的。

（2）使相机采集速度和运动速度匹配。根据不同的采集方式，结合相机采集软件，采集实时标靶图像，将标靶图像调入图像处理软件，计算采集速度误差。当所获取的图像水平、垂直像素数比例和实际物体一致时，线阵系统参数初始化完毕。

本 章 小 结

本章首先从工业相机的分类开始，详细介绍了工业相机的信号输出格式、像元排列方式、图像传感器、相机接口、成像色彩、智能工业相机等基础概念；然后详细介绍了常用的工业相机参数，包括像素、分辨率、曝光时间、采集方式等；最后介绍了工业相机的选型方法。本章节对工业相机进行了系统性地介绍，方便读者对工业相机有全面深入的了解，也有利于相关从业者在进行实际项目需求分析时快速确定工业相机选型。

第 2 章

工 业 相 机

第3章 工业镜头

工业镜头是一种光学设备，用于聚焦光线在相机内部成像。镜头的作用是产生锐利的图像，以得到被检测物的细节[9]。本章将先对工业镜头的成像原理和基础参数进行概述；再介绍几种常见的工业镜头，重点介绍远心镜头；最后对工业镜头的选型及使用进行讨论并给出示例，以便读者在学习工业镜头知识的基础上，了解如何选用合适的工业镜头。图3-1为工业镜头示例。

图 3-1　工业镜头示例

3.1　镜头的成像原理

3.1.1　镜头的基本概念

光学仪器的核心部分是镜头。大多数镜头的主要作用是对物体成像，即将物体通过镜头成像，以供人眼观察或被照相机、图像传感器接收。所有的镜头都是由一些光学零件按照一定的方式组合而成的。常见的光学零件有反射镜、平行平板、透镜和棱镜等，其截面如图3-2所示[9]。

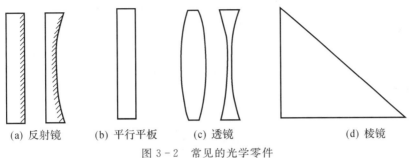

| (a) 反射镜 | (b) 平行平板 | (c) 透镜 | (d) 棱镜 |

图 3-2 常见的光学零件

组成镜头的各光学零件的表面曲率中心在同一条直线上的镜头称为共轴镜头,连接各曲率中心的直线称为光轴,光轴也是整个镜头的对称轴。相应地,也有非共轴镜头。常用的工业镜头绝大部分都属于共轴镜头[9],图 3-3 所示为共轴镜头实物图。

图 3-3 共轴镜头

3.1.2 镜头成像的基本原理

镜头成像以凸透镜成像原理为基础,通过组合透镜把物体发出或反射的光线成像在像平面上,然后通过不同材质、曲率、中心间隔的透镜组校正畸变、色散、场曲等各种成像不良现象,以减轻图像的失真。图 3-4 为光学成像原理光路图。

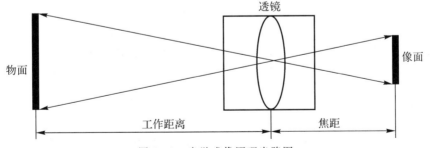

图 3-4 光学成像原理光路图

光学镜头是纯光学器件,它由一组或多组不同曲率(球面或非球面)的光学镜片通过一定的光学间隔排列组成,它将物体的实际大小按照一定的比例投射到图像传感器上。光学镜头是接收光线信息的一个器件,具体是指利用不同波长、不同发光角度和不同发光特性的光源经过被测物后的反射、折射后成像的不同颜色、灰度等信息来还原被测物本身的特征、尺寸、颜色等信息的一种光学器件。

在机器视觉里,镜头就好比人眼睛的晶状体,相机好比人的视网膜,算法软件好比人的大脑,所有信息的流转是前后承继的关系。

3.2 工业镜头的参数

镜头用于采集图像,并将图像发送至相机中的图像传感器。不同的镜头在光学质量和价格方面存在差异,所使用的镜头决定采集图像的质量和分辨率。镜头相当于人眼的晶状体,如果没有晶状体,人眼将看不到任何物体,如果没有镜头,那么相机所输出的图像就是白茫茫的一片。当人眼的肌肉无法将晶状体拉伸至正常位置(即近视)时,眼前的景物就变得模糊不清。相机与镜头的配合也有类似现象,会输出不清晰的图像,我们可以通过调整一些相关参数使得输出的图像更清晰。图3-5所示为镜头成像参数示意图,可通过改变图中的参数,输出清晰图像。

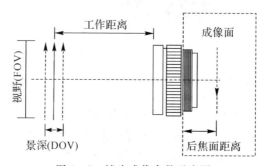

图3-5 镜头成像参数示意图

1. 放大倍率

放大倍率是指物体通过镜头在焦平面上成像的大小与物体实际大小的比值,一般用 β 表示,如图3-6所示。需要注意的是,当 $\beta<1$ 时,成像大小小于物体实际大小,镜头起缩小的作用。

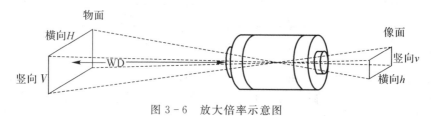

图3-6 放大倍率示意图

光学器件的放大倍率 β 用于描述像方尺寸 $(h \times v)$ 与物方尺寸 $(H \times V)$ 之比：

$$\beta = \frac{h}{H} = \frac{v}{V} \tag{3.1}$$

例如，在镜头搭配相机成像时，像方尺寸就是相机芯片的物理尺寸：

$$h = \text{NOTP} \times \text{PSL} \tag{3.2}$$

$$v = \text{NOVP} \times \text{PSL} \tag{3.3}$$

其中，NOTP 是芯片横向像元个数，NOVP 是芯片竖向像元个数，PSL 是像元边长。物方尺寸就是整个镜头搭配相机成像的视野范围：

$$H = \frac{h}{\beta} \tag{3.4}$$

$$V = \frac{v}{\beta} \tag{3.5}$$

除了固定倍率的光学系统以外，大部分光学系统都没有放大倍率这个参数，因为在不同的工作距离使用时有着不同的放大倍率，这时需要根据光学系统的焦距 (f) 和工作距离 (WD) 来计算放大倍率。

2. 工作距离

工作距离也就是物距，是指镜头最前端到被测物体上表面的距离，用 WD 表示。一般镜头的工作距离都是一个范围，也有一部分镜头的工作距离是固定不变的，比如远心镜头，具体会在 3.4 节详细介绍。

3. 焦距

焦距就是焦点距离，也称为焦长，用 f 表示。焦距是光学系统中衡量光的聚集或发散的度量方式，指平行光入射时从透镜中心到光聚集的焦点的距离。在照相系统中，焦距就是从镜头光学中心到成像平面的距离，如图 3-7 所示。

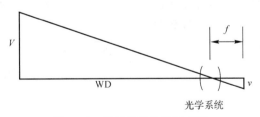

图 3-7　照相系统焦距示意图

对于镜头来说，焦距有着非常重要的意义。焦距长短与成像大小成正比，焦距越长，成像越大，焦距越短，成像越小；焦距长短与视场角大小成反比，焦距越长，视场角越小，焦距越短，视场角越大；焦距长短与景深成反比，焦距越长，景深越小，焦距越短，景深越大。因此，在选择焦距时应该充分考虑是要观察细节还是要较大的观测范围，如果需要观察近距离大场面，就选择小焦距的广角镜头；如果要观察细节，则应该选择焦距较大的长焦镜头[1]。

结合上述放大倍率的计算方法，可得出焦距与工作距离、物像大小之间的关系如下：

$$\beta = \frac{h}{H} = \frac{v}{V} = \frac{f}{\mathrm{WD}} \tag{3.6}$$

$$f = \mathrm{WD} \times \frac{h}{H} = \mathrm{WD} \times \frac{v}{V} \tag{3.7}$$

4. 视场角

在光学系统中，以镜头为顶点，以被测物体可通过镜头的最大成像范围的两条边缘构成的夹角称为视场角，用 FOV 表示。对于镜头来说，视场角主要是指它可以拍摄的视野范围。当焦距变短时，视场角就变大了，可以拍出更宽的视野范围，但这样会影响较远被测物体的清晰度；当焦距变长时，视场角就变小了，可以使较远的被测物体变得清晰，但是能够拍摄的视野范围就会变窄。图 3-8 为视场角与焦距的关系图。

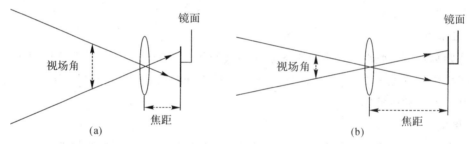

图 3-8　视场角与焦距的关系图

在工业镜头参数列表中，我们可以看到视场角是以（$D \times H \times V$）三个角度来表示的，因为相机的感光面是矩形的，所以我们常以矩形感光面对角线的长度计算视场角（用 D 表示），也有以矩形感光面的长边尺寸或者短边尺寸计算视场角的，称为水平视场角或垂直视场角（分别用 H 或 V 表示）。图 3-9 为三个方向视场角的示意图。

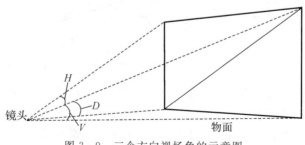

图 3-9　三个方向视场角的示意图

视场角的大小决定了镜头某个工作距离上的视野范围，视场角越大，视野范围就越大。具体关系如下：

$$\tan\left(\frac{\alpha}{2}\right) = \frac{1}{2} \cdot \frac{L}{\mathrm{WD}} \tag{3.8}$$

推导可得：

$$\alpha = 2 \cdot \arctan\left(\frac{1}{2} \cdot \frac{L}{\mathrm{WD}}\right) \tag{3.9}$$

式中，α 为三个方向视场角的任一角度，L 为相应方向的物体宽度。

5. 光圈

光圈用来描述控制光线透过镜头的总体光通量、镜头的景深以及确定分辨率下镜头成像的对比度。光圈大小通常是用 F/数值来表示。

完整的光圈系列有：F/1.0，F/1.4，F/2.0，F/2.8，…。光圈的挡位设计规则是相邻的两挡的数值相差 1.4 倍（$\sqrt{2}$ 的近似值），相邻的两挡之间透光孔直径相差 $\sqrt{2}$ 倍，透光孔的面积相差 1 倍，镜头的进光量相差 1 倍，维持相同曝光量所需要的时间相差 1 倍。

光圈的作用在于决定光学系统接收光能量的多少，光圈值越小，光圈就越大，进光量就越多，画面越亮；光圈值越大，光圈就越小，画面越暗。图 3-10 为光圈和通光孔径大小的关系图。大多数镜头都通过转动光圈调节圈，进而开合内部的虹彩光圈来设置光圈值大小。

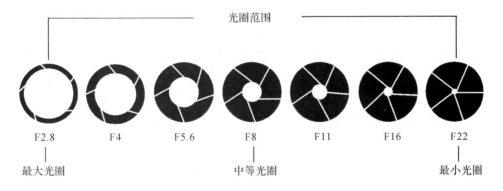

光圈范围

F2.8　　　F4　　　F5.6　　　F8　　　F11　　　F16　　　F22

最大光圈　　　　　　　　中等光圈　　　　　　　　最小光圈

图 3-10　光圈和通光孔径的关系图

光圈除了与成像像面亮度有直接关系外，还和图像对比度、分辨率、景深都有密切关系。在一定情况下，光圈越大，图像对比度越高，分辨率越高，景深越小；反之，光圈越小，图像对比度越低，分辨率越低，景深越大。当然，光圈并不是越大越好，我们在调整光圈的时候要综合考虑它对整个图像的影响。图 3-11 为光圈与景深的关系。

镜头有手动光圈镜头和自动光圈镜头之分，在工业应用中普遍采用手动光圈镜头。手动光圈镜头适合于亮度变化较小的场所。自动光圈镜头因光照度发生大幅度变化时，其光圈亦作自动调整，可提供必要的动态范围，使相机产生优质的视频信号，故适合于亮度变化较大的场所。

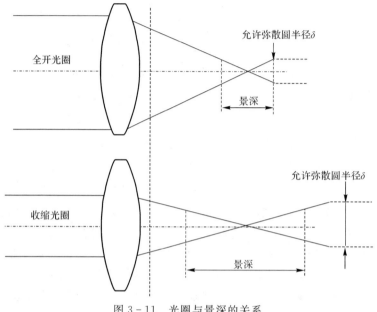

图 3-11　光圈与景深的关系

6. 景深

景深是物体在容许对焦情况下最近位置与最远位置之间的范围。接收器(如人眼或图像传感器)的图像辨别能力有限，镜头在这段距离之内拍摄都能够成比较清晰的像。成像清晰的最远的平面称为后景深，成像清晰的最近平面称为前景深。它们距对准平面的距离分别称为后景深度和前景深度。景深是前景深和后景深之和，$\Delta L = \Delta L_1 + \Delta L_2$，如图 3-12 所示。

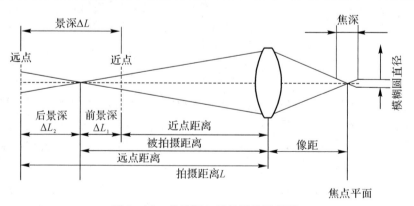

图 3-12　前景深与后景深的示意图

镜头的景深可以通过景深测定板进行测量。图 3-13(a)为景深测定板，从图(b)中可以清楚读出，最清晰的刻度为 14 mm 到 17 mm 之间，那么该镜头的景深范围为 3 mm。

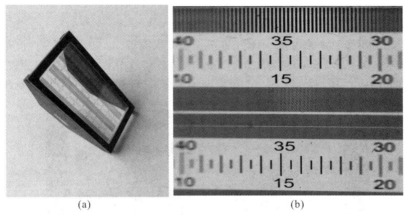

(a)   (b)

图 3-13 景深测定板与景深测定板读数

7. 分辨率

分辨率也叫分辨力，表示镜头分辨物体细节的能力，是镜头的一个重要性能指标。它是指在成像平面上 1 mm 间距内能分辨开的黑白相间的线条对数，单位是线对/毫米(lp/mm)。图 3-14 中，分辨率为 $1/(2d)$(d 为线宽)。当黑白等宽的测试线对密度不大时，成像平面处黑白线条是很清晰的；当黑白等宽的测试线对密度增大时，在成像平面处还是可以分辨出黑白线条，但是白线已不是那么白了，黑线也不是那么黑了，白线和黑线的对比度会下降；当黑白等宽的测试线对密度增大到某一程度时，在成像平面处黑白的对比度非常小，黑白线条都变成了灰的中间色，这就到了分辨的极限。一般镜头厂商为了选配相机方便，将该参数转换为推荐匹配相机的参数，如 2MP(2 百万像素适配 200 万相机)、5MP、10MP。

$2d$

图 3-14 分辨率示意图

一般来说，镜头成像会有物方和像方，那么镜头的分辨率也就分为物方分辨率和像方分辨率。一般镜头和相机匹配都是看像方分辨率和像素大小，视觉检测评估精度都是在说物方分辨率。物方分辨率(OR)和像方分辨率(IR)之间的关系是：

$$OR(lp/mm) = \frac{IR(lp/mm)}{MR} \qquad (3.10)$$

其中，MR 是放大倍率。

在实际设计时，系统的分辨率要求并未以 lp/mm 给定，而是以 μm 或 mm 给定。它们的转换方式为

$$OR(\mu m) = \frac{1000(\mu m/mm)}{2 \times OR(lp/mm)} \tag{3.11}$$

一般我们用分辨率板来测定镜头的分辨率。分辨率板是根据美军标对比度规格设计的，如图 3-15 所示。具备最大分辨率为 228 lp/mm 的黑白条纹图案，它的不同分辨率单元使用对应的组和单元标记，从 0 组到 7 组，可以通过查表得出它的每个单元对应的分辨率。

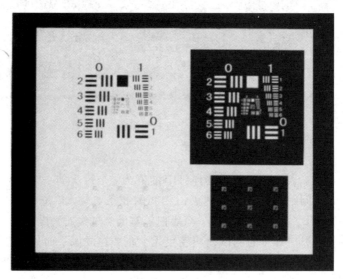

图 3-15　分辨率板样图

8. 锐度

锐度用来描述在给定的物体分辨率下黑色与白色的区分程度。要使图像看起来轮廓分明，黑色细节需要显示为黑色，白色细节必须显示为白色。黑色和白色信息越趋向于中间灰色，该频率下的锐度越低；明暗线条之间的强度差异越大，锐度越高。如图 3-16 所示，从黑色过渡为白色是高锐度，中间灰色则表明锐度较低。可根据以下公式对给定频率下的锐度进行计算：

$$锐度 = \frac{I_{max} - I_{min}}{I_{max} + I_{min}} \times 100\% \tag{3.12}$$

其中，I_{max} 是最大强度，I_{min} 是最小强度（如果使用了相机，通常会采用像素灰度值来表示）。

工业镜头的锐度大小直接决定了进行视觉轮廓检测时边界特征的区分精度。一般视觉轮廓检测都是用背光照明的方式来拍摄物体，对比度的高低直接决定了图像算法对边缘轮廓提取的精度，最终决定了输出结果的精度。

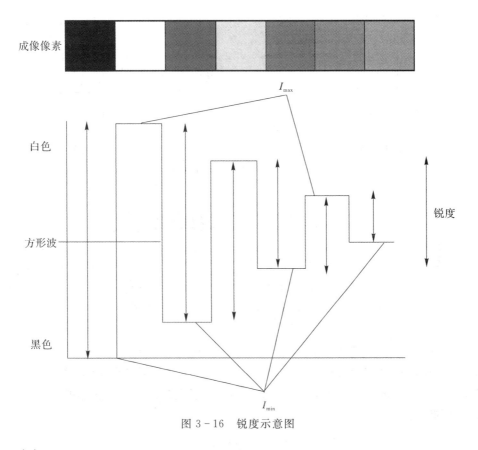

图 3-16　锐度示意图

9. 畸变

畸变作为工业镜头中涉及的一个参数，是限制镜头测量准确性的重要因素之一。它用来描述镜头对物体所成的像相对于物体本身而言的失真程度，它只引起像的变形，对像的清晰度并无影响。

畸变定义为实际像高与理想像高的差，而在实际应用中经常用到的是实际像高和理想像高的差与理想像高之比（即畸变率）。例如，一个图像上一点距离其中心有 198 个像素，而不存在畸变时该点距图像中心的距离是 200 个像素，那么在这一点上的径向畸变率（DR）将是－1%，这就是失真差异与真实大小的百分比。计算方法如下：

$$DR = \frac{198 - 200}{200} \times 100\% = \frac{-2}{200} \times 100\% = -1\% \tag{3.13}$$

常见的畸变形式有桶形畸变和枕形畸变，如图 3-17 所示。桶形畸变又称桶形失真，是指镜头引起的成像画面呈桶形膨胀状的失真现象，桶形畸变在工业镜头成像尤其是广角镜头成像时较为常见。枕形畸变又称枕形失真，是指镜头引起的成像画面向中间"收缩"的现

第 3 章　工业镜头

象，枕形畸变在长焦镜头成像时较为常见。

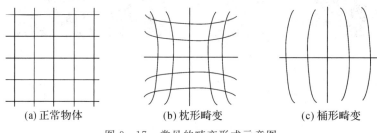

(a) 正常物体　　　　(b) 枕形畸变　　　　(c) 桶形畸变

图 3-17　常见的畸变形式示意图

3.3　常用的工业镜头

机器视觉行业中最常用的工业镜头主要有定焦镜头、变焦镜头、显微放大镜头、远心镜头等，不同类型的镜头根据功能特性不同应用于不同的检测需求。本节简单介绍定焦镜头、变焦镜头和显微放大镜头，远心镜头将会在下一节重点介绍。

1. 定焦镜头

定焦镜头的焦距是固定的，常见的有 8 mm、12 mm、16 mm、25 mm、35 mm、50 mm、75 mm。定焦镜头虽然焦距固定但可以通过聚焦环进行不同工作距离的清晰成像，并可通过光圈调节控制进光量，成像质量好，有效工作距离范围大，视野较大，是目前机器视觉行业中应用最为广泛的镜头。图 3-18 所示为定焦镜头。

图 3-18　定焦镜头

2. 变焦镜头

变焦镜头的焦距有一定的变化范围，它的镜头焦距可在较大的幅度内自由调节，起到了若干只不同焦距的定焦镜头的作用。它又有手动变焦和电动变焦两类，可对视野范围及被测物进行变焦距拍摄，适合长距离变化观察和拍摄目标。变焦镜头的特点是在成像清晰的情况下，通过镜头焦距的变化来改变图像大小与视场大小。

变焦镜头常用的焦距段有 3.5~8 mm、12~36 mm 等，使用起来灵活。由于设计原因，其成像质量略低于定焦镜头，属于较低端的产品，在工业检测中不常用。图 3-19 所示为变焦镜头。

图 3-19　变焦镜头

3. 显微放大镜头

显微放大镜头用于观测范围较小的物体，通常为毫米级，一般不用焦距来定义，而是采用光学放大倍率。常见的显微放大镜头又分为定倍和变倍镜头，通常以 0.1~10 倍光学放大倍率为主。图 3-20 所示为显微放大镜头。

图 3-20　显微放大镜头

3.4　远心镜头

远心镜头主要是为纠正传统工业镜头视差而设计，它可以在一定的物距范围内使得到的图像放大倍率不发生变化，这非常适用于被测物不在同一物面上的情况。远心镜头由于其特有的平行光路设计，一直为对镜头畸变要求很高的机器视觉应用场合所青睐[8]，如图 3-21 所示。

图 3 - 21 远心镜头

3.4.1 远心镜头的成像原理

远心是指镜头成像的一种原理特性，主要分为物方远心、像方远心、物像双侧远心三类。从图 3-22、图 3-23 中可以看出，经过光学系统中心的是光轴，系统的左侧是物方，右侧是像方。物方远心，顾名思义，只是物方主光线与光轴平行；像方远心只是像方主光线与光轴平行；双侧远心则是物方和像方主光线均与光轴平行。

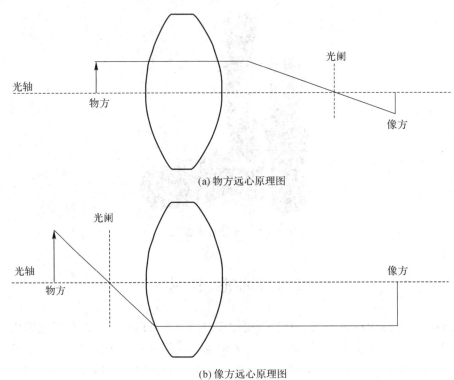

(a) 物方远心原理图

(b) 像方远心原理图

图 3 - 22 物方远心、像方远心原理图

目前机器视觉市场上主流的远心镜头为物方远心镜头和双侧远心镜头两类。双侧远心镜头其物像方主光线均平行于光轴，且主光线的汇聚中心分别位于物方无限远和像方无限远。双侧远心镜头兼有物方远心镜头和像方远心镜头的特性。相比较物方远心镜头而言，双侧远心镜头的像面照度更均匀，后焦更大，在物距调整、轮廓精准提取上有着明显的成像优势。在工业图像处理、机器视觉领域，物方远心镜头一般来说不起作用，因此该行业一般不使用物方远心镜头。

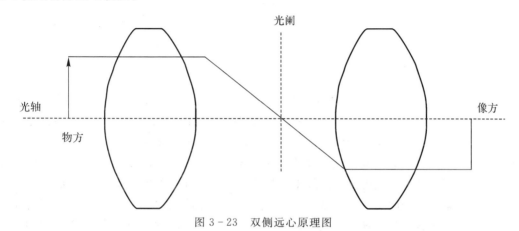

图 3-23 双侧远心原理图

3.4.2 远心镜头的优势

镜头是机器视觉检测系统中必不可少的一个组件，但是在使用普通的光学镜头检测时，由于畸变、视差等缺陷的限制，很多检测需求都不能一步到位。例如，金属和玻璃制品等表面反光较强的材质，存在拍摄时边界模糊、深孔检测时视差干扰边界难以提取、测量基准和被测部位有落差无法同时清晰成像等问题，严重阻碍了视觉行业的发展。为弥补这些普通工业镜头的不足，适应当前机器视觉行业高精度提取和检测的需求，远心镜头应运而生。极低的远心度、超大的景深、恒定的放大倍率、近乎"0"畸变和超高的解析力，让远心镜头比普通工业镜头在机器视觉行业更具优势。

1. 极低的远心度

远心度是描述主光线偏离于光轴的角度，单位为度（°），如图 3-24 所示。这个 θ 角的大小决定了物体在移动时造成的影像误差大小，角度越小，远心度越好，成像就越精确。当主光线与光轴"平行"时，成像的大小就不会因物体置放的距离远近而受影响。这里的"平行"是一种形象的说法，因为它的夹角特别小，几乎平行。远心镜头的远心度一般会控制在0.1°以内。

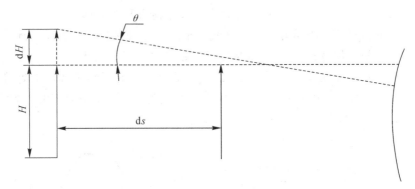

图 3 - 24　远心度示意图

　　极低的远心度不仅可以消除调焦不准确带来的误差，还可以消除杂散光对成像的影响。以物方远心镜头为例，只有与光轴基本平行的光线才能通过孔径光阑，最终成像到图像传感器面上；而光线夹角大于镜头远心度的光线都会被孔径光阑阻拦而无法成像到图像传感器面上，这样可以有效地避免环境中的杂散光影响测试效果。远心度越低，入射的光线与主光轴越接近平行，被阻拦的光线就会越多，消除杂散光影响的能力也越强。

　　图 3 - 25(a)所示为玻璃镜片样品，需要提取镜片表面轮廓曲率，其本身的玻璃材质具有透光反光性。用普通工业镜头拍摄效果如图 3 - 25(b)所示，普通工业镜头有一定的视场角，光线在其表面会有部分透射和反射，轮廓提取不清晰。因为远心镜头的远心度低，"非平行光"不能通过玻璃镜片样品，所以可以很清晰地看到玻璃样品呈暗色，周边区域呈亮色，暗亮区域过渡分明，边缘提取很容易。

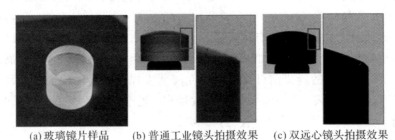

(a)玻璃镜片样品　　(b)普通工业镜头拍摄效果　　(c)双远心镜头拍摄效果

图 3 - 25　玻璃镜片拍摄效果对比

2. 无视差

　　如果镜头有视差，在测量立体结构工件时会导致边界不清晰，干扰尺寸边界的提取，增大测量误差。远心镜头成像的只有与光轴保持平行的部分光线，所以在测量时只要保证被测量的面与光轴保持垂直，就可以确保拍摄时只有这部分光线能够入射成像，确保成像时不产生视差，让轮廓边界都能够清晰成像，方便后续的图像处理，极大地提高了测量的精度。

图 3-26(a)所示是一款齿轮样品,用定焦镜头拍摄时中心圆孔和外侧的齿轮上都有视差存在,使被测物的侧面也有部分成像,从而影响其边界的提取,图 3-26(b)所示为定焦镜头拍摄效果;使用远心镜头拍摄则可以消除此影响,如图 3-26(c)所示,使用远心镜头拍摄时只要确保被测面与光轴垂直,就可以避免视差出现。

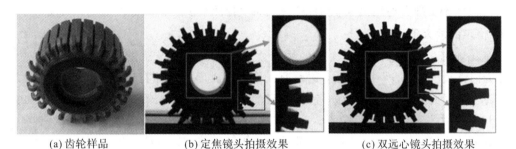

(a)齿轮样品　　　　　　(b)定焦镜头拍摄效果　　　　　　(c)双远心镜头拍摄效果

图 3-26　齿轮拍摄效果对比

3. 超大的景深

景深是物体在容许对焦情况下的最近位置与最远位置之间的范围,远心镜头拥有超大的景深,景深越大的镜头能测量的物体的纵向深度也越大。

图 3-27(a)所示为弹簧样品,用普通的工业镜头拍摄的图片如图 3-27(b)所示,弹簧靠近镜头的部分成像效果较好,边界清晰,但是在弹簧两侧有反光,离镜头较远的一侧成像模糊,无法对整个弹簧都成清晰的像;图 3-27(c)所示是双远心镜头拍摄的该弹簧的图片,弹簧靠近镜头和远离镜头的部分都能成清晰的像,且弹簧表面还没有反光的干扰,整个弹簧的边界都清晰可见。

(a)弹簧样品　　　　　　(b)普通工业镜头拍摄效果　　　　　　(c)双远心镜头拍摄效果

图 3-27　弹簧拍摄效果

类似结构复杂、空间有落差的工件，很多尺寸都不在一个平面内。普通工业视觉镜头景深较小，在检测这些尺寸时需要对不同高度的尺寸分别对焦测量，多次对焦、多次测量需要花费大量的时间，效率低下。远心镜头的大景深在测量这样的工件时就极为便捷，可以让不同高度的边界都清晰成像，再配合相应的测量软件，一次对焦就可以把这个工件的所有外形尺寸都提取并检测出来，检测效率更高，检测精度也更高。

4. 恒定的放大倍率

普通工业镜头在成像时相同大小的物体放在远处所成的像总是比在近处所成的像要小，即人们常说的"近大远小"现象，这种现象使相同大小的物体在不同物距时成像的大小不同，对于测量而言极不方便。远心镜头恒定的放大倍率让远心镜头比普通机器视觉镜头更适合用于尺寸测量，不会出现"近大远小"的现象。只要在景深范围内，不管被测物放置在什么位置，物像的比例关系都不会发生变化，恒定的放大倍率使图像处理更加方便。

图 3-28(a) 所示为摆放的两颗相同规格的螺丝，两颗螺丝前后位置摆放，对两颗螺丝的外径进行检测。用定焦镜头拍摄的效果如图 3-28(b) 所示，两颗螺丝成像的清晰程度不同、大小也不一样，无法同时得到这两颗螺丝准确的外径数据。使用远心镜头拍摄效果如图 3-28(c) 所示，两颗螺丝成像效果都很好，边界分明，且大小一致，能够同时得到这两颗螺丝的外径数据。所以，相比普通工业镜头，在拍摄这种不同位置的工件的外形尺寸时，远心镜头超大的景深可以让其边界特征都能成清晰的像，恒定的放大倍率让测量结果更精准。

(a) 相同规格的螺丝样品　　　　(b) 定焦镜头拍摄效果　　　　(c) 双远心镜头拍摄效果

图 3-28　螺丝拍摄效果

5. 近乎"0"畸变

理想的光学镜头在成像过程中只会改变大小，不会影响其几何性质。但实际上，光学镜头成像时都会存在一定的畸变。畸变并不影响成像质量，但是会使图像变形失真。如果一个镜头畸变较大，那么同一个物体在这个镜头中心和视场边缘所成的像大小会有差异。

畸变随着视场位置不同而无规则变化，不同位置的测量结果都不同，这会给检测带来很大的误差，干扰测量结果。

远心镜头具有极低的畸变，在成像时还原度高，成像形状基本不会有变化，畸变带来的误差很小，测量精度更高、更稳定，更加适用于高精度尺寸测量。普通工业镜头通常有 $1\%\sim2\%$ 的畸变，会严重影响测量时的精确水平[7]。相比之下，远心镜头的畸变一般控制在 0.1% 以内，约为普通镜头的 $1/20$，大大提高了检测的精度和稳定性。

6. 解析度高

远心镜头不光有以上几个特点，相比普通镜头，其解析能力也更高。镜头的解析力就是分辨被拍摄物体细节的分辨能力，越高的解析能力代表着镜头能够分辨越小的细节。所以远心镜头可以看到普通工业镜头看不到的、更加细微的部分，对于很多细小的瑕疵检测、尺寸测量，远心镜头都有着良好的表现。

图 3-29 所示为手机 LOGO 样品表面缺陷检测，表面缺陷有划伤、碰压伤、麻点、白点等。由于表面缺陷特征非常细微，有的细划伤甚至小于 0.04 mm，并且样品材质属于高反光的镜面材质，使用远心镜头搭配远心同轴光源，采用平行光反射式正面照明，远心平行光成像的光学原理，对于很细小的细节都可完全提取到，可以很清楚地拍摄出样品表面上的微小缺陷。

(a) 手机LOGO样品　　(b) LOGO果实拍摄效果　　　　(c) LOGO叶子拍摄效果

图 3-29　手机 LOGO 拍摄效果

远心镜头以其独特的光路设计，不仅可以消除视差和环境中杂散光的干扰，有效提高成像质量，方便后期图像处理对边界的提取；而且具有超大的景深、恒定的放大倍率、近乎"0"畸变以及更高的解析能力。这些特点让远心镜头在机器视觉检测领域备受青睐，解决了很多传统工业镜头解决不了的难题。

3.4.3　远心镜头的适用场合

远心镜头大多用于需要超高解像力、"无"光学畸变和透视畸变以及需要稳定、清晰的"边缘过渡带"的应用。因此，远心镜头一般会在以下情况下被选择：

（1）对景深有严格要求。在视场范围内，不仅需要保证图像的清晰，还需要保证图像边缘过渡的一致性。

（2）对放大倍率的一致性有严格要求。在能够接受的景深范围内，成像大小的变化一致性需要保证。

（3）对极限解析能力有严格要求。系统对极限解析度要求较高，对重复测量精度要求也较高，一般为 0.01 mm 以下时，要考虑这类镜头。

（4）对光学畸变有严格要求。当采用软件标定无法解决镜头的"光学畸变"问题时，需要考虑使用远心镜头。

（5）对图像中每一个像素的有效性有严格要求。在图像像素数量非常"紧张"时，需要考虑使用远心镜头。

3.5　工业镜头的选型

工业镜头的选择对整个机器视觉系统相当重要，本节主要介绍常用的工业镜头选择顺序，有些参数和工业相机密切相关。工业镜头选型时需要考虑以下几个方面。

1. 工作距离的确认

选择工业镜头时需查看现场有无机构限制工作距离，镜头与被测物之间是否要加光源或者其他运动机构。

2. 视野的确认

根据被测物的尺寸或数量确定视野范围（拍全或者拍局部）。由于相机芯片大多是 4：3 或者其他比例的长方形，拍摄正方形或者圆形时，一定要以高度方向为准。同时，在精度方面需要注意：① 在将被测物拍全的情况下，通过精度要求计算相机分辨率，看是否有满足的相机；② 选择面阵分辨率相对较大的相机作为参考计算（如 500 万），看是否可以达到精度要求，达不到可以选择选择更大分辨率的相机或者减小视野。

3. 镜头类型的确认

根据视野要求选择显微放大镜头、定焦镜头；根据被测物的特殊性选择远心镜头、双远心镜头；根据相机不同选择面阵镜头、线阵专用镜头。

4. 焦距的确认

可根据工作距离、相机芯片尺寸、视野范围，通过相似三角形计算出焦距值，具体可参考本章 3.2 节第 3 部分。

5. 视场角的确认

根据工作距离、视野范围，可准确计算出视场角大小，具体可参考本章 3.2 节第 4 部分。

6. 景深的确认

根据项目要求选择合适的景深。有光圈的镜头也可以根据光圈调整来控制景深。

7. 分辨率的确认

建议相机像元尺寸和镜头弥散斑进行匹配，也就是镜头分辨率与相机分辨率一致或者略高，以达到最佳成像效果。

8. 镜头接口的确认

镜头接口需要与相机接口进行匹配，需要注意：① C 接口镜头不能用于 CS 接口相机，需要进行"C－CS 转接环"转换；② CS 接口镜头不能适配 C 接口相机；③ M42/M58/M72 一般需要转成 F 接口，需要考虑法兰距匹配。

9. 靶面尺寸的确认

镜头尺寸不得小于相机靶面尺寸，否则在图像上会出现黑角或暗影，如图 3－30 所示。

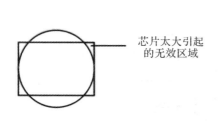
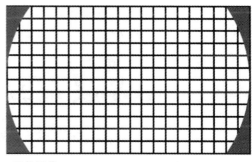

芯片太大引起的无效区域

图 3－30　黑角图像

本 章 小 结

本章首先对工业镜头的成像原理和基础参数(包括放大倍率、工作距离、焦距、视场角、光圈、景深、分辨率、锐度、畸变等)进行了概述；然后介绍了几种常见的工业镜头，并重点介绍了远心镜头的成像原理、优势、适用场合等；最后对工业镜头的选型进行了讨论。本章节系统地介绍了工业镜头相关内容，使得读者在学习工业镜头知识的基础上，可以进一步了解如何在实际应用中选用合适的工业镜头。

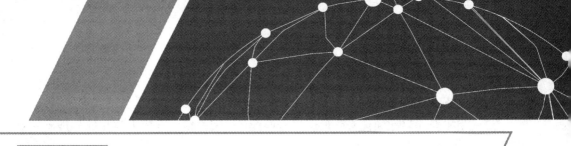

第4章 视觉光源

在智能视觉系统中，通常使用光源提供的灯光照明来提高图像的亮度和对比度。光源和照明方案的好坏往往会决定整个系统的性能。照明设计主要是根据光源特性、目标及其背景的光照特性进行光源照明方式的选择以及光源的选型[8]。图4-1为一些光源的示例图。本节将对视觉光源特性、照明技术、光源的选型进行详细介绍，并给出相应的选型示例，便于读者在实践中对光源的选择及使用有相应的参考依据。

图4-1 不同光源示例图

4.1 光源的作用

机器视觉系统的核心部分是图像的采集和处理。所有的信息均来源于图像之中，图像本身的质量对整个视觉系统极为关键。而光源则是影响机器视觉系统图像水平的重要因素，因为它直接影响输入数据的质量和应用效果。通过适当的光源照明技术，使图像中的目标信息与背景信息得到最佳分离，可以大大降低图像处理算法分割和识别的难度，同时提高系统的定位、测量精度，使系统的可靠性和综合性能得到提高[8]。反之，如果光源设计不当，会给机器视觉系统带来很多麻烦。例如，相机的花点和过度曝光会隐藏很多重要信息；阴影会引起边缘的误差；信噪比的降低以及不均匀的照明会增加图像处理中阈值选择的困难。在机器视觉系统中，光源的作用表现在[8]：

（1）照亮目标，提高目标亮度；

（2）形成最有利于图像处理的成像效果，降低系统复杂性和对图像处理算法的要求；

（3）克服环境光干扰，保证图像的稳定性，提高系统精度及效率；

（4）用作测量的工具或参照。

4.2　光学基础知识

通过学习光学的基本知识，可以为后面的光学应用打好基础，因此光学基础知识非常关键。

1. 光的直线传播

光线在空气中的传播遵循直线传播。图 4-2 所示为光的直线传播路线图。

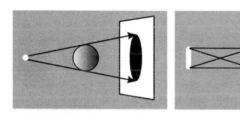

图 4-2　光的直线传播路线图

2. 光的折射现象

光从一种介质斜射入另一种介质时，传播方向发生改变，从而使光线在不同介质的交界处发生偏折。光的折射与光的反射一样都发生在两种介质的交界处，只是反射光返回原介质中，而折射光线则进入另一种介质中。由于光在两种不同的物质里传播速度不同，因此在两种介质的交界处传播方向发生变化，这就是光的折射。在折射现象中，光路是可逆的。图 4-3 所示为光的折射定律图[10]。

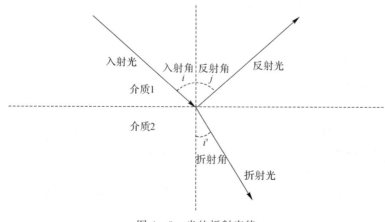

图 4-3　光的折射定律

3. 光的散射现象

在光的传播过程中，光线照射到粒子时，如果粒子直径大于入射光波长很多倍，则发生光的反射；如果粒子直径小于入射光波长，则发生光的散射，这时观察到的光波环绕微粒而向其四周放射的光称为散射光。图 4-4 展示了光的散射现象[10]。

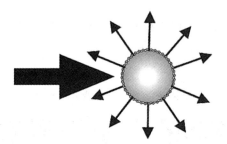

图 4-4　光的散射现象

4. 光的偏振性

偏振性是光波的一种特性。光在传播时和电磁波一样，是振荡的。一般光波的振荡方向是不定的。极化光的振荡方向处在一个确定的平面上。例如，线性极化光的振荡轴与传播方向垂直。在镜面式反射光中保留了这种偏振性，而漫散式反射光则没有偏振性。可以使用光的偏振性使镜面眩光掠过摄像机镜头，从而消除镜面式反射光的影响。图 4-5 展示了光的偏振性[11]。

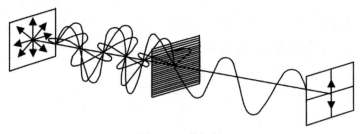

图 4-5　偏振性

5. 光的发光效率

在给定 $\lambda_1 \sim \lambda_2$ 波长范围内，某一光源发出的辐射通量与产生这些辐射通量所需的电功率之比，称为该光源在规定光谱范围内的辐射效率。在机器视觉系统设计中，在光源的光谱分布满足要求的前提下，应尽可能选用辐射效率较高的光源[11]。

某一光源所发射的光通量与产生这些光通量所需的电功率之比，称为该光源的发光效率，其单位为 lm/W（流明每瓦）。在照明领域或者光度测量系统中，一般应选用发光效率较高的光源。表 4-1 为一些常用光源的发光效率[11]。

表 4－1　常用光源的发光效率

光源种类	发光效率/(lm/W)	光源种类	发光效率/(lm/W)
普通钨丝灯	8～18	高压汞灯	30～40
卤钨灯	14～30	高压钠灯	90～100
普通荧光灯	35～60	球形氙灯	30～40
三基色荧光灯	55～90	金属卤化物灯	60～80

6. 光的光强分布

　　光照的强度会影响相机的曝光，光线不足会造成采集的图像对比度低。加大放大倍数，同时噪声也被同步放大，也可能使镜头光圈加大，景深减小。同时，光线强度过大也会浪费过多能量，产生较多热量，这时需要解决散热的问题。

　　光强分布是用曲线或表格表示光源在空间各个方向的发光强度值。对于各向异性光源，其发光强度在空间各方向上是不相同的。若在空间某一截面上，自原点向各径向取矢量，则矢量的长度与该方向的发光强度成正比。将各矢量的断点连起来，就得到光源在该截面上的发光强度曲线，即配光曲线。图 4－6 为光的光强分布图[12]。

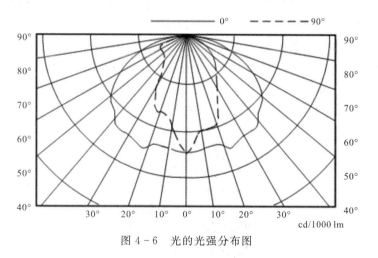

图 4－6　光的光强分布图

7. 光的颜色

　　光的颜色包含了两方面的含义，即色表和显色性。用眼睛直接观察光源时所看到的颜色称为光源的色表。例如，高压钠灯的色表呈黄色，荧光灯的色表呈白色。当用这种光源照射物体时，物体呈现的颜色（也就是物体反射光在人眼内产生的颜色感觉）与该物体在完全辐射体照射下所呈现颜色的一致性，称为该光源的显色性[4,12]。

8. 光的波长

光谱中很大的一部分电磁波谱是人眼可见的，在这个波长范围内的电磁辐射被称作可见光，范围在 380 nm 至 760 nm 之间，即从紫色到红色。自然光源和人造白色光源大都是由单色光组成的复色光。图 4－7 为光谱示意图。

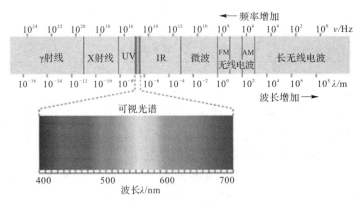

图 4－7　光谱示意图

9. 光的三基色

基色是指通过其他颜色的混合无法得到的基本色。由于人的肉眼有感知红、绿、蓝三种不同颜色的锥体细胞，因此色彩空间通常可以由这三种基色来表达。自然界中的绝大部分彩色，都可以由三种基色按一定比例混合得到；反之，任意一种彩色均可被分解为三种基色。作为基色的三种彩色相互独立，即其中任何一种基色都不能由另外两种基色混合产生。由三基色混合而得到的彩色光的亮度等于参与混合的各基色的亮度之和。三基色的比例决定了混合色的色调和饱和度。图 4－8 为光的三基色图[13]。

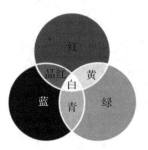

图 4－8　光的三基色图

10. 光的颜色空间

颜色空间即色域，就是指某种表示模式所能表达的颜色数量所构成的区域，也指通过具体介质（如屏幕显示、数码输出及印刷复制）能表现的颜色范围。自然界中可见光谱的颜色组成了最大的色域空间,该色域空间中包含了人眼所能见到的所有颜色。在色彩模式中,Lab 色域空间最大,它包含 RGB、CMYK 中所有的颜色。颜色空间有许多种,常用的有 RGB、CIE、CMY、HSV、HSL 等。现在的机器视觉主要应用的是 RGB 空间。图 4-9 展示了三种颜色空间。

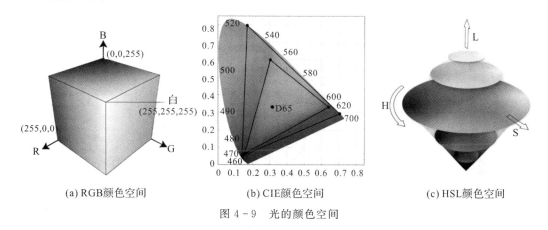

(a) RGB颜色空间　　　　　(b) CIE颜色空间　　　　　(c) HSL颜色空间

图 4-9　光的颜色空间

11. 光源的色温

黑体的温度决定了它的光辐射特性。对非黑体辐射,它的某些特性常可用黑体辐射的特性来近似表示。对于一般光源,经常用分布温度、色温或相关色温表示[12]。

(1) 分布温度。辐射源在某一波长范围内辐射的相对光谱功率分布,与黑体在某一温度下辐射的相对光谱功率分布一致,那么该黑体的温度就称为辐射源的分布温度[12]。

(2) 色温。辐射源发射光的颜色与黑体在某一温度下辐射光的颜色相同,则黑体的这一温度称为该辐射源的色温,用绝对温度 K(Kelvin)表示。黑体辐射理论是建立在热辐射基础上的,所以白炽灯类的热辐射光源的光谱功率分布与黑体在可见区的光谱功率分布比较接近,都是连续光谱,用色温的概念完全可以描述这类光源的颜色特性。由于某一种颜色可以由多种光谱分布产生,所以色温相同的光源,它们的相对光谱功率分布不一定相同[12]。

(3) 相关色温。对于一般光源,它的颜色与任何温度下黑体辐射的颜色都不相同,这时光源用相关色温表示。在均匀色度图中,如果光源的色坐标点与某一温度下黑体辐射的色坐标点最接近,则该黑体的温度称为该光源的相关色温。色温(或相关色温)在 3300K 以下的光源,颜色偏红,给人一种温暖的感觉;色温超过 5300K 时,颜色偏蓝,给人一种清冷的感觉。通常气温较高的地区,人们多采用色温高于 4000K 的光源;气温较低的地区则多用 4000K 以下的光源[12]。

12. 色环

色环就是将可见光光谱中的色彩进行排序而形成的红色连接到紫色的光环。机器视觉中应用的色环通常包括 6 种不同的颜色，颜色比较接近的为相近色，以中心轴对称的颜色为对比色，混合成白色的两种颜色为互补色。用相反色温的光线照射物体，图像可以达到最高级别的对比度。用相同色温的光线照射物体，可以有效滤除图像中某些干扰的背景。图 4 - 10 为色环示意图。

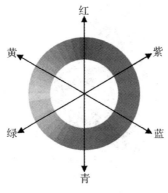

图 4 - 10　色环示意图

13. 颜色消长

白光照射到物体表面后，反射光的颜色主要与物体表面颜色一致，其他颜色的光被吸收；白光穿过透明的物体之后，透射光的颜色与透明体的颜色一致。图 4 - 11 为白色光透射和折射示意图。

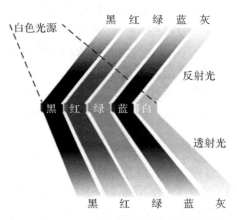

图 4 - 11　白色光透射和折射示意图

使用单色光照射物体，如果入射光的颜色和物体本身的颜色一致或者比较接近，则反射率或者透射率会比较高（发白）；反之如果入射光与物体的颜色是对比色，则反射率或者透射率会比较低（发黑）。图 4 - 12 为单色光透射与折射示意图。

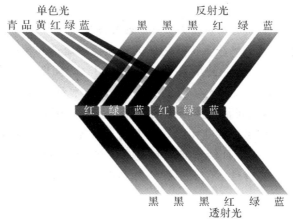

単色光　　　　　　反射光
青品黄红绿蓝　　黑黑黑红绿蓝

红　绿　蓝　红　绿　蓝

黑　黑　黑　红　绿　蓝
透射光

图 4 - 12　单色光透射与折射示意图

4.3　光源照明技术

照明除了增加图像的对比度和亮度之外，另一个重要的目的是尽可能地加大被测物体和背景之间的差距。照明设计的重要思想就是利用物体和背景对入射光的反射特性的差异来强化这种差距。本节将介绍目标及其背景的光照特性，并对机器视觉系统中的照明技术进行总结概括，使读者对机器视觉领域中的照明技术有一个系统的认识。

1. 照射方式

入射光的方向是机器视觉系统设计的最基本参数，它取决于光源的类型和光源相对于物体放置的位置。一般来说，照射方式有两种：直射和漫射。其他方式都是从这两种方法延伸而来的。图 4 - 13 为直射和漫射示意图。

明亮，　射角窄，有光点　　较暗，射角宽，无光点，光斑均匀
(a) 直射　　　　　　　(b) 漫射
图 4 - 13　照射方式示意图

（1）直射：入射光基本上来自一个方向，射角小，能投射出物体阴影。

（2）漫射：入射光来自多个方向，甚至所有的方向，不会投射出明显的阴影。

2. 物体的光反射

物体反射光线有两种不同的反射特性：直反射和漫反射。

（1）直反射[14]：直反射是光线直接从物体的表面反射而进入相机镜头，光线的反射角等于入射角。物体的镜面反射不一致的各个区域，可用这一照明方式将它们区分出来。物体表面每倾斜1°，都会使镜面反射光移动2°。这种照明技术对于物体的姿态是非常敏感的。直反射有时用途很大，有时又可能产生极强的眩光，但在大多数情况应避免直反射。

（2）漫反射[14]：漫反射是投射在粗糙表面上的光向各个方向反射的现象。当一束平行的入射光线射到粗糙表面时，表面会把光线向四面八方反射。漫反射的光线来自所有方向，不同的物体有不同的漫反射特性。在大多数实际情况下，漫反射在某个角度范围内形成，并取决于入射光的角度。

图 4-14 为光的两种反射图。

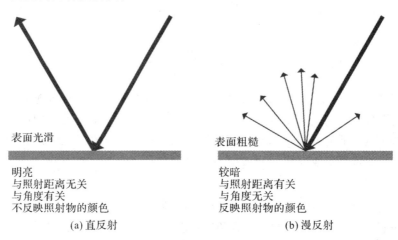

图 4-14　光的两种反射图

3. 正面光照明

光源在镜头轴线的侧面，镜面反射光有可能到不了镜头，从而避开了镜面反射而引起特亮光的干扰，而漫反射光则可能部分进入镜头。最典型的例子是光滑的金属表面印上表面粗糙的文字，所有的金属表面的反射光都会掠过镜头不能进入相机，形成黑背景，而无规律的文字因漫反射光进入镜头而发亮[14]。

明视场是最常用的照明方案，采用正面直射光照射形成；而暗视场主要由低角度或背光照明形成。对于不同的检测需求，选择不同类型的照明方式，一般来说暗视场会使背景呈现黑暗，而被检物体则呈现明亮。图 4-15 为明视场和暗视场的照射效果图。

智能视觉技术及应用

(a) 明视场　　　　　　　　　　　　　　　　　　(b) 暗视场

图 4 - 15　明视场和暗视场的照射效果图

4. 背光照明

（1）漫射式：背光照明中最通用的方式，它具有一块大的透明或半透明的平板，在平板的背后是光源。该设计简单，且最易获得均匀光源[14]。

（2）凝聚式：使用镜头将光线集中于一个方向，适用于背光照明时建立定向光特性的情况[14]。

（3）黑场：光线从与镜头视线成90°的方向射入的照明方式，例如从透明物体的边缘进入，检测物体中的裂痕、气泡等。光线在透明物中传输时不会进入镜头，当碰到某种小物体后，因散射一部分光反射进入镜头[14]。

5. 频闪光照明

频闪光照明是用高频率的光脉冲照射物体，一般用光源控制器控制光源的频闪速度使其与相机的扫描速度同步。频闪的照明方式可以大大提高光源的亮度和寿命[14]。

以上所述的照明技术只是原则性地概括，它们可以通过灵活的变化和组合来适应需求。照明技术的变化是非常多的，例如使用线、网格、圆等光照形式的结构光来检测三维物体；使用光的偏振特性来消除镜面反射，突出表面的细节；使用光学滤色片来加强特征区，而滤除背景和其他不感兴趣区域，从而简化了图像的二值化和分割算法等[14]。

4.4　光源的类型

4.4.1　光源的发展

机器视觉系统多用于工业现场，系统与器件的维护是用户关心的重要问题。采用长寿命光源降低后期维护费用是用户的广泛需求。常用的可见光源有氙气灯、卤素灯以及荧光灯，这些光源的最大缺点是光不能保持长期稳定，衰减较快。如何使光能在一定的程度上保持稳定，是实际使用过程中亟须解决的问题，图 4-16 以六种维度归纳了不同光源的特点。

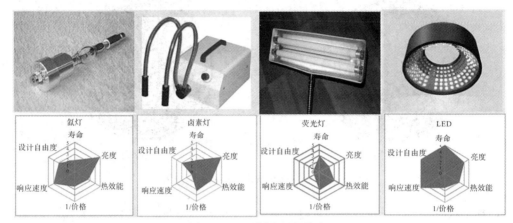

图 4-16　不同光源的特点

可以看出，目前机器视觉光源主要采用 LED(发光二极管)，由于其具有形状自由度高、使用寿命长、响应速度快、单色性好、颜色多样、综合性价比高等特点，因此在行业内广泛应用。

（1）形状自由度高。一个 LED 光源是由许多单个 LED 组合而成的，因而跟其他光源相比，可做成更多的形状，更容易针对用户的情况设计光源的形状和尺寸[8]。

（2）使用寿命长。为了使图像处理单元得到精确的、重复性好的测量结果，照明系统必须保证相当长的时间内能够提供稳定的图像输入。LED 光源在连续工作 10 000 到 30 000 小时后，亮度衰减，但远比其他类型的光源效果好。根据纽约特洛伊照明研究中心独立测试所获得的结果可知，普通 5 mm LED 在 20 mA 驱动电流下工作，光衰情况为 2000～2500 小时光衰减到 70%，6000 小时光衰减到 50%。另据资料显示，如果驱动电流降低到 10 mA，普通 5 mm LED 的衰减速度将会大大降低，半衰期可达到 10 000～30 000 小时。新型的大功率 LED 在寿命上又达到了一个新的高度，20 000 小时光衰减到 80%，并且此后的衰减非常缓慢，半衰期可达到 100 000 小时以上。此外，用控制系统使其间断工作可抑制发光管发热，寿命也将延长[8]。

（3）响应速度快。LED 发光管响应时间很短，响应时间的真正意义是能按要求保证多个光源之间或一个光源不同区域之间的工作切换。采用专用控制器给 LED 光源供电时，达到最大照度的时间小于 10 s。LED 发光管配合带触发的光源控制器，也比较适合作为频闪灯使用。

（4）颜色多样。除了光源的形状以外，要得到稳定图像输入的另一方面就是选择光源的颜色。相同形状的光源，由于颜色的不同得到的图像也会有很大的差别。实际上，如何利用光源颜色的技术特性得到对比度最佳的图像效果，一直是光源开发的主要方向。

（5）综合性运营成本低。选用低廉而性能没有保证的产品，初次投资的节省很快会被日常的维护、维修费用抵消。其他光源不仅耗电是 LED 光源的 2～10 倍，而且几乎每月都要更换，浪费了维修工程师许多宝贵时间。投入使用的光源越多，在器件更换和人工方面的花费就越大[8]。

常见的 LED 光源光谱如图 4-17 所示。

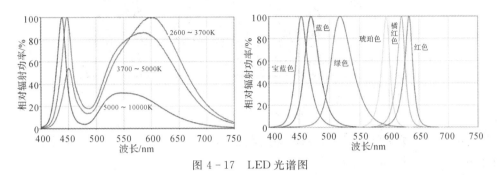

图 4-17   LED 光谱图

4.4.2   光源的分类

光源按照不同特性有多种分类方式，具体如下。

(1) 按照波长划分：白光(复合光)光源、红色光源、蓝色光源、绿色光源、红外光源；

(2) 按照外形划分：环形光源、环形低角度光源、条形光源、圆顶(穹顶)光源和面光源；

(3) 按照特性划分：无影光源、同轴光源、点光源、背光源、结构光源。

下面我们针对最常用的光源类型，从原理及应用的角度分别进行介绍。

1. 高角度照明光源

高角度照明光源发出的光直接射向物体，可以得到清楚的影像。当我们需要得到高对比度物体图像的时候，这种类型的光很有效。但是当我们用它照在光亮或反射性强的材料上时，会引起像镜面一样的反光。环形光源是一种最常用的照明方式，且很容易安装在镜头上，可以给漫反射表面提供足够的照明[8]。图 4-18 为环形光源示例图，图 4-19 展示了高角度环形光源光路和照射的效果。

图 4-18   环形光源示例

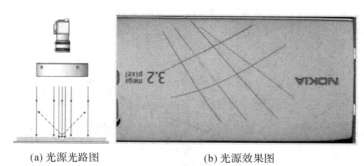

(a) 光源光路图　　　　　　　(b) 光源效果图

图 4-19　高角度环形光源光路和照射效果

高角度照明光源主要应用在表面轻微划伤检测、字符检测和识别、二维码识别、表面异物检测、边缘尺寸检测、定位等功能上。

2. 低角度照明光源

低角度照明光源照射下，相机通过被测物反射或者衍射的光线来观测物体。如果在相机视野内能看见反射的光线就认为是亮场照明，相反的，在视野中看不到反射的光线就是暗场照明。光源是亮场照明还是暗场照明，与光源的位置有关。暗场照明应用于被测物表面有突起或表面有纹理变化的场合[8]。图 4-20 为暗场照明光源示例，图 4-21 为低角度环形光源光路和效果图。

图 4-20　暗场照明光源示例

(a) 光源光路图　　　　　　　(b) 光源效果图

图 4-21　低角度环形光源光路和效果图

该类光源主要应用在表面划伤检测、打标字符检测与识别、表面异物检测、边缘尺寸测量、定位、倒角测量、冲压、浇铸字符识别等功能上面。

3. 漫反射背光照明光源

漫反射背光照明光源可以从物体背面射过来均匀视场的光，通过相机可以看到物体的侧面轮廓。背光源可以把物体透光和不透光的地方区分出来。使用背光照明方式，要尽量使射出的光是平行光，以保证不同光照强度不会引起被测物轮廓的变化，从而提高检测精度。背光照明产生了很强的对比度，常用于测量物体的尺寸和确定物体的方向。但是，背光照明时物体表面纹理特征可能会丢失。例如，应用背光技术可以测量硬币的直径，但是却无法判断硬币的正反面[8]。图 4-22 为一种背光源器件。

图 4-22　背光源示例

该类光源主要应用在存在性检测、计数、薄片边缘检测、镂空打标检测、定位和尺寸检测、透明体表面和内部不透明异物或脏污检测、透明体和半透明体突变型和部分渐变缺陷检测等功能上。图 4-23 为 LED 背光源光路及效果图。

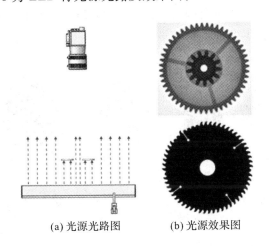

(a) 光源光路图　　　(b) 光源效果图

图 4-23　LED 背光源光路和效果

4. 平行背光照明光源

平行背光照明光源可以从物体背面射过来平行于采集系统的光，通过相机可以看到物体的侧面轮廓。对比普通背光源，平行光源可消除由于光源漫射造成的边缘模糊等现象，可获得边缘清晰、锐利的图像，提高测量精度。平行背光源中又以远心平行光源效果最佳，常用于高精度的物体尺寸测量。图4-24为平行背光照明光源器件。

此类光源主要应用在本身边缘形状导致的不适合使用漫射背光源的精确边缘检测、定位和尺寸测量等项目上。图4-25为平行光源光路及效果图。

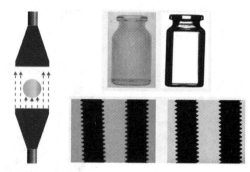

(a) 光源光路图　　　　　　(b) 光源效果图

图4-24　平行背光照明光源　　　　图4-25　平行光源光路和效果

5. 圆顶漫反射照明光源

圆顶漫反射光源也叫无影光源，应用于表面有反射性或者表面有复杂角度的物体。当物体表面十分光滑，像镜子一样反射光时，拍摄就会形成亮点。连续漫反射照明应用半球形的均匀照明，可以有效地避免物体表面形成亮点，还能减小影子及镜面反射。这种照明方式对于完全组装的电路板照明非常有用。此类光源可以达到170°立体角范围的均匀照明[8]。图4-26为无影光源器件图。

图4-26　无影光源器件

该光源主要用于球形或曲面物体缺陷检测以及金属、镜面或玻璃等有光泽物体的表面检测。图4-27为圆顶漫反射照明光源光路和效果图。

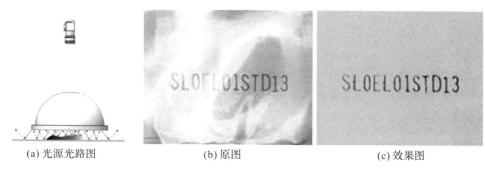

(a) 光源光路图　　　　(b) 原图　　　　　(c) 效果图

图 4 - 27　圆顶漫反射照明光源光路和效果

6. 同轴照明光源

同轴照明光源照射出的发散光射到一个使光向下的分光镜上，相机通过上面的分光镜观测物体。这种类型的光源对检测强烈反光表面的刻画、凹陷或者压印特征的物体特别有帮助，还适合检测那些受周围环境影响产生阴影的检测面积不明显的物体。图 4 - 28 为同轴光源器件。

图 4 - 28　同轴光源

该类光源主要应用于为反射度极高的表面提供对位及表面检查照明，如金属表面、薄膜、晶片、胶片及玻璃等的划伤检查，芯片和硅晶片的破损检测，玻璃板的表面损伤，PC母板的图谱检测，印刷版的图形检查等[15]。图 4 - 29 为同轴光源光路和效果图。

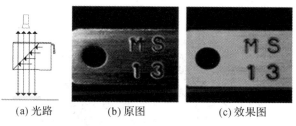

(a) 光路　　　　(b) 原图　　　　(c) 效果图

图 4 - 29　同轴光源光路和效果

4.5　光源的选型

市场上各种机器视觉光源越来越多，如何选择一款适合检测需求的光源产品，是很多设计面临的一个难题。该问题本身很难总结出统一的结论，因此我们提出一些需要加以注意的地方供大家参考[7]。

4.5.1　光源的选型思路

光源的选型需要了解清楚打光的具体要求，不妨从以下几个角度分析，来确定最需要的光源。

（1）检测内容：包括外观检查、OCR、尺寸测定、定位几种。

（2）对象物：可根据待检测的对象为异物、伤痕、缺损、标识等来确定光源；也可根据检测物的表面状态，例如镜面、糙面、曲面、平面来确定光源；还可以根据检测物是立体的或平面的来确定光源；检测物的材质、表面颜色也是影响光源选择的一个因素；最后考虑检测时的环境是静态还是动态，来优化光源的选型。

（3）限制条件：光源的选型还受到许多条件的限制，例如工作距离、照明区域的大小、照明对象对光可能产生的温度的敏感性、相机种类、面阵还是线阵、现场安装障碍和安装便利性、图像的清晰度要求和色彩要求、成本等。

（4）注意事项：对光源选型时应注意：物体材质和厚度的不同，对同一种光的透过特性（透明度）不同；不同波长的光对同一种物质的穿透能力不同，在物质表面的扩散率也不同；透射照明（观察透射被测物的光线的照明手法）对光源的选型也有要求；光源的稳定性至关重要；摄取的图像必须能鲜明地区分出被测物与背景。

4.5.2　光源的选型技巧

1. 照明方式选光源

根据检测目的及被测物表面纹理选择明视场或暗视场。图 4-30(a)为选择明视场照明图像，图 4-30(b)为暗视场图像，后者突出了引脚的轮廓。

(a) 明视场图像　　　　(b) 暗视场图像

图 4-30　照明方式选光源

2．颜色选光源

与物体表面自然色相同或相近颜色的光，照射到物体上之后的反射率比较高，对比色照射则反射率较低。利用这一原理可以实现加强图像效果、过滤背景干扰的目的。图4-31为颜色选光源示例。

图4-31　颜色选光源示例

3．材料特性选光源

不同的物质其化学成分不一样，反射率也不一样，当光线照射在物体表面的时候，不同波长的光子会不同程度地吸收和散射，宏观上表现为不同颜色的光。图4-32为材料特性选光源示例。

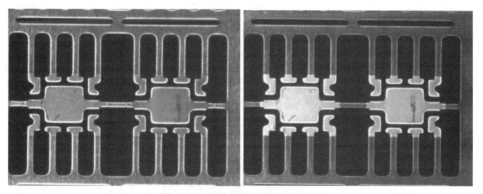

图4-32　材料特性选光源示例

4．特殊波长选光源

红外光透过有机材质或染料的能力比较强；紫外光对人体有伤害，需谨慎使用。图4-33(a)为有划痕图像，图4-33(b)为经过红外线照射、透过物体后的成像效果。

(a) 普通光源照射效果　　　　　　(b) 红外光照射效果

图 4-33　红外光照射效果示例

图 4-34 展示了使用紫外线照射纸币的图像,可以看到,图 4-34(b) 的光源效果更好。

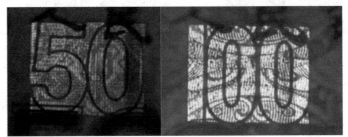

(a) 普通光源照射效果　　　　　　(b) 紫外光照射效果

图 4-34　紫外光照射效果示例

5. 消杂光技巧

偏振片对入射光具有遮蔽和透过的功能,可使纵向光或横向光一种透过,另一种遮蔽。通过使用偏振片,可以有效消除特定方向杂光的干扰,得到清晰的图像。图 4-35(a) 为原图像,图 4-35(b) 为经过偏振片的图像,可以看到,图 4-35(b) 相较于图 4-35(a),图像内容更清晰。

(a) 未使用偏振片效果　　　　　　(b) 使用偏振片效果

图 4-35　消杂光效果示例

如图 4 - 36 所示，添加红色滤镜可以过滤掉红色光，添加蓝色滤镜可以过滤蓝色光。

图 4 - 36　不同颜色滤镜滤光效果

6. 看表面选光源

根据物体表面的纹理、形状、光滑程度等选择合适的光源。图 4 - 37 为根据表面选光源示意图。

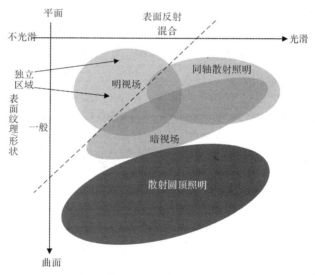

图 4 - 37　看表面选光源示意图

4.5.3　常见光源的选型要领

1. 条光选型

条光选型需要注意三个方面：第一，条光照射宽度最好大于检测的距离，否则可能会因照射距离远造成亮度差或者距离近而辐射面积不够。第二，条光长度能够照明所需打亮的位置即可，太长会造成安装不便，同时也会增加成本。一般情况下，光源的安装高度会影响到所选用条光的长度。高度越高，光源长度要求越长，否则图像两侧亮度会比中间暗。第三，如果照明目标是高反光物体，最好加上漫射板；如果是黑色等暗色不反光产品，也可以拆掉漫射板以提高亮度[7]。

2. 环光选型

环光选型需要注意以下问题：第一，了解光源安装距离，过滤掉某些角度光源。例如，要求光源安装尺寸高，就可以过滤掉大角度光源，选择小角度光源；同样，安装高度越高，要求光源的直径越大。第二，目标面积小且主要特性在表面中间的，可选择小尺寸 0 角度或小角度光源。第三，目标需要表现的特征如果在边缘，可选择 90°角环光或大尺寸高角度环形光。第四，检测表面划伤，可选择 90°角环光，尽量选择波长短的光源[7]。

3. 条形组合光选型

条形组合光选型时需注意：第一，不一定要按照资料上的型号来选型，因为被测的目标形状、大小各不一样，所以可以按照目标尺寸来选择不同的条形光源进行组合。第二，考虑光源的安装高度，再根据被测物体的长度和宽度，选择相对应的条形光进行组合[7]。

4. 背光源/平行光选型

进行背光源/平行光选型时，需注意根据物体的大小选择合适大小的背光源，以免增加成本。尽量不要使目标正好位于背光源边缘，中心和四周的发光强度可能会不完全均匀。在检测轮廓时，可以尽量使用波长短的光源，波长短的光源衍射性弱，图像边缘不容易产生重影，对比度更高。可以通过调整背光源与目标之间的距离，达到最佳的效果。检测液位时背光源可侧立使用。圆轴类、螺旋状的产品尽量使用平行背光源[7]。

5. 同轴光选型

同轴光选型时需要注意根据目标的大小来选择合适发光面积的同轴光。同轴光的发光面积最好比目标尺寸大 1.5~2 倍左右，因为同轴光的光路设计是让光路通过一片 45°半反射半透镜来改变方向。光源靠近灯板的地方会比远离灯板的亮度高，因此，尽量选择大一点的发光面避免光线左右不均匀。安装时尽量不要离目标太高，如果太高，要求选用的同轴光更大，才能保证光的均匀性[7]。

6. 平行同轴光选型

平行同轴光选型可关注三点：第一，平行同轴光光路设计独特，主要适用于检测各种划痕。第二，平行同轴光与同轴光表现的特点不一样，不能替代同轴光使用。第三，平行同轴光检测划伤之类的产品时，尽量不要选择波长太长的光源[7]。

7. 其他光源选型

上面 1~6 中的光源均未选中时，需进行其他光源的选型。选型时注意四点：第一，了解特征点面积大小，选择合适尺寸的光源。第二，了解产品特性，选择不同类型的光源。第三，了解产品的材质，选择不同颜色的光源。第四，了解安装空间及其他可能会产生障碍的情况，选择合适的光源[7]。

4.5.4 案例分析

1. 酒瓶盖条码检测

酒瓶盖条码检测的内容主要有条码识别、条码打标位置是否偏离，可选用 204 mm、60°的蓝光。图 4 - 38(a)为检测的单个瓶盖，图 4 - 38(b)为带包装箱的瓶盖。两幅图像中瓶盖的尺寸、清晰度有很大差别，在对光源参数进行选择时，需要考虑产品的实际情况。

(a) 单个瓶盖   (b) 带包装的瓶盖

图 4 - 38　酒瓶盖条码检测示例

1）分析产品特性

瓶盖上面是黑色，另有红黑交错的背景图案，条码为激光刻印显灰色。为了显现出条码，应该将字符打亮，使背景与字符分辨明显。如果选用红色光源的话，背景中的红色会滤掉大半，会干扰同为白色的字符。所以，应该利用光源的互补原理，采用蓝色光源，将红色背景尽量打黑。图 4 - 39 为不同光源照射酒瓶盖的效果图。

(a) 白色光源效果   (b) 蓝色光源效果

图 4 - 39　不同光源照射酒瓶盖的效果图

2）分析产品形状

瓶盖为圆形，直径为 25 mm，一般此情况选择同轴光或者环形光比较合适。

3）分析产品材质特性

瓶盖为金属材料，表面有印刷图案，比较光滑，反光度很强，选用同轴光或带角度的环形光比较合适。

4）模拟现场打光

由于酒瓶必须装在包装纸箱里，瓶盖离纸箱上顶部的距离有 80 mm，考虑需要留一定的空间，因此，瓶盖离光源的距离为 100 mm 或以上。如此高的距离，小同轴光跟小环光以及低角度光就不能满足要求，必须选用大同轴光跟大环光。

5）打光试验

根据以上情况选择大致的光源后，再进行性价比对比，选择性价比高的光源进行实际测试。采用 180 mm、30°蓝色环光在 110 mm 高度处打光，周边亮带反光强，不利于找中心位，如图 4-40(a)所示；采用 204 mm、60°蓝色环光在 110 mm 高度处打光，则不会将光源LED 亮斑投射到瓶盖上，如图 4-40(b)所示。

 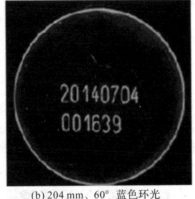

(a) 180 mm、30° 蓝色环光　　　　　(b) 204 mm、60° 蓝色环光

图 4-40　不同蓝色光源效果

6）最终确定光源

根据打光效果图进行算法处理，选择使得处理结果更加准确、可靠的光源。

2. 手机盖板 ITO 检测

手机盖板 ITO 检测主要包括线路是否断路、短路以及其尺寸等，图 4-41 为手机盖板图。

图 4-41　手机盖板

1) 分析产品特性

ITO 薄膜是一种 n 型半导体材料，具有很高的导电率和可见光透过率，属于特殊的印刷线路，用肉眼无法看到，所以用普通的光源无法完成拍摄，因此，我们选用紫外同轴光源来完成拍摄。图 4-42(a)为原图，图 4-42(b)为使用紫外同轴光源拍摄的图像。在图 4-42(b)中，轮廓与背景被更好地区分。

(a)选型分析前

(b)选型分析后

图 4-42　紫外同轴光源

2) 分析光源特性

紫外光源的发光亮度比较低，这就需要光源在镜头倍率、光源安装高度、漫射板材质方面合理搭配，否则会造成图 4-42(a)的情况，即亮度不够，光源灯珠影子明显，图像均匀性差。

3) 选型分析并确定光源

根据拍摄视野选择好镜头后，再分析光源的安装高度。首先，一般情况下光源会离镜头的距离比较近，然后用合适大小的紫外同轴光测试，确定好最佳的工作距离；其次，观察图像的均匀性，换选不同透光率的漫射板，既要保证紫外光的透过率最大化，又不能让灯珠太明显地投射到图像里；最后，亮度可以通过选择大发光尺寸的同轴光来解决。

本 章 小 结

　　本章首先介绍了光学的基础知识,方便读者对光学有一定程度的了解;然后介绍了光源照明技术及光源的类型,使得读者对常用的工业光源有一定的掌握;最后详细介绍了光源的选型思路、技巧、方法并进行了案例分析,相关从业者可以在实际应用中根据上述介绍进行快速选择。结合前序章节对工业相机和工业镜头的详细介绍,读者或相关从业者对智能视觉的硬件组成有了系统深入的理解,可以进行智能视觉系统的构建与测试。

中篇
智能视觉算法

第5章 图像预处理技术

5.1 图像预处理的作用

上篇详细讲述了图像采集过程中所用到的各种硬件部件。图像采集后，为了更有效地获取其中的信息，需要对图像进行进一步加工处理。与人类的视觉过程相似，图像采集的过程就像人类的眼睛。但是，即便有了眼睛，如果没有大脑，我们也不能"看"到任何事物。所以，对这些图像数据的处理是机器视觉的关键。

图像在传送和转换（成像、扫描、传输以及显示等）过程中，由于噪声、衰减等原因，一般会造成不同程度的图像质量下降。在摄像过程中，由于光学系统的失真、相机的相对运动、大气流动的影响等都会造成摄制图像模糊以及平移、旋转等问题。因此，通过图像预处理来改善图像质量显得十分重要。图像预处理通常是针对给定图像的应用场合，有目的地强调图像的整体或局部特性，将原来不清晰的图像变得清晰或强调某些感兴趣的特征，抑制不感兴趣的特征，扩大图像中不同特征之间的差别，改善图像质量，丰富信息量，提升图像分析和识别的效果[16]。

常用的图像预处理方式包括灰度变换、直方图修正、图像平滑、图像锐化、图像二值化等。图像增强与感兴趣的物体特性、观察者的习惯和处理目的密切相关，尽管处理方式多种多样，但它带有很强的针对性。因此，图像预处理算法的应用也是有针对性的，并不存在一种通用的、适应各种应用场合的预处理算法。一般情况下，为了得到比较满意的增强效果，常常需要同时对几种增强算法进行大量试验，从中选出视觉较好、计算量较小、同时满足要求的算法作为最优的预处理算法。

5.2 图像的表达、显示与存储

在讲述图像处理技术前，我们需要分析图像处理技术中的数据结构。本节先介绍一下图像的表达、显示和存储等相关技术。

5.2.1 图像的表达与显示

根据应用领域的不同，可以有多种不同的方法来表达和表示图像，或将图像以一定的形式显示出来。图像表达是图像显示的基础，而图像显示是机器视觉系统的重要模块之一。

要对图像进行表达和显示，需要对图像的各个单元进行表达和显示。图像中的每个基本单元叫作图像元素，用 Picture 表示图像时称为像素（Picture Element）。对于 2D 图像，英文里常用 Pixel 代表像素。对于 3D 图像，英文里常用 Voxel 代表其基本单元，简称体素（Volume Element）。近年来，由于都用 Image 代表图像，因此也有人建议用 Image 统一代表像素和体素[17]。

1. 图像表达

一幅 2D 图像可以用一个 2D 数组来表示，常将一幅 2D 图像写成一个 2D 的 $M \times N$ 矩阵（其中 M 和 N 分别为图像像素的总行数和总列数）：

$$F = \begin{bmatrix} f_{11} & f_{12} & \cdots & f_{1N} \\ f_{21} & f_{22} & \cdots & f_{2N} \\ \vdots & \vdots & & \vdots \\ f_{M1} & f_{M2} & \cdots & f_{MN} \end{bmatrix} \tag{5.1}$$

上式就是图像的矩阵表达形式，矩阵中的每个元素对应一个像素。

2. 图像显示

图像的显示和表达是密切相关的，图像显示是图像的可视表达方式。对 2D 图像的显示可以采取多种形式，其基本思路是将 2D 图像看作在 2D 空间中的一种幅度分布。根据图像的不同，采取的显示方式也不同。对于二值图像，在每个空间位置的取值只有两个，可用黑白来区分，也可用 0 和 1 来区分。图 5-1 所示为对同一幅 2D 的二值图像的 3 种不同的显示方式。在图像表达的数学模型中，一个像素区域常用其中心来表示，基于这些中心的表达形式就是将图像显示成平面上的离散点集，对应于图 5-1(a)；如果将像素区域用其所覆盖的区域来表示，就得到图 5-1(b)所示的图形；把幅度值标在图像中相应的位置，就得到图 5-1(c)所示的类似矩阵表达的结果。用图 5-1(b)所示的形式也可表示有多个灰度的图像，此时需要用不同深浅的色调表示不同的灰度。用图 5-1(c)所示的形式也可表示有多个灰度的图像，此时将不同灰度用不同的数值表示[17-18]。

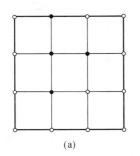
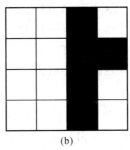

(0)	(0)	(1)	(0)
(0)	(0)	(1)	(1)
(0)	(0)	(1)	(0)
(0)	(0)	(1)	(0)

(a)　　　　　　　　(b)　　　　　　　　(c)

图 5-1　表达同一幅 4×4 二值图像的 3 种方式

图 5-2 所示为两幅典型的灰度图像,它们是常用的公开图像,或称标准图像。图 5-2(a)所用的坐标系统常在屏幕显示中被采用(屏幕扫描是从左向右、从上向下进行的),它的原点在图像的左上角,纵轴标记图像的行,横轴标记图像的列。$f(x,y)$ 既可代表这幅图像,也可表示在 (x,y) 行列交点处的图像值。图 5-2(b)所用的坐标系统常在图像计算中被采用,它的原点在图像的左下角,横轴为 x 轴,纵轴为 y 轴(与常用的笛卡儿坐标系相同)。同样,$f(x,y)$ 既可代表这幅图像,也可表示在 (x,y) 坐标处像素的值。

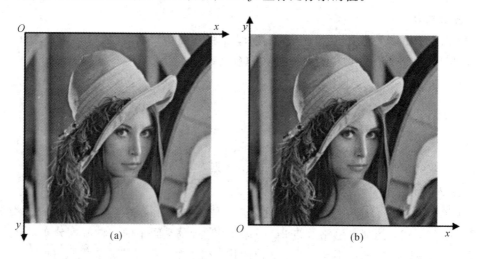

图 5-2 标准图像显示示例

5.2.2 图像的存储

在计算机系统中,图像常以文件形式存储。图像文件指包含图像数据的文件,文件内除包含图像数据本身以外,一般还有对图像的描述信息等,以方便读取、显示图像。图像数据文件主要使用光栅表示形式,与人对图像的理解一致(一幅图像是许多图像点的集合),比较适合色彩、阴影或形状变化复杂的图像。它的主要缺点是缺少对像素间相互关系的直接表示,且限定了图像的空间分辨率。这种存储方法会带来两个问题,一个是将图像放大到一定程度就会出现方块效应,另一个是如果将图像缩小再恢复到原尺寸则图像会变得比较模糊。图像数据文件的格式有很多种,不同的系统平台和软件常使用不同的图像文件格式。下面简单介绍 4 种应用比较广泛的图像文件格式[17-18]。

1. BMP 格式

BMP 格式是 Windows 环境中的一种标准(但很多 Macintosh 应用程序不支持它),它的全称是 Microsoft 设备独立位图(Device Independent Bitmap, DIB)。BMP 图像文件也称位图文件,包括 3 部分:① 位图文件头(也称表头);② 位图信息(常称调色板);③ 位图阵列（即图像数据）。一个位图文件只能存放一幅图像。位图文件头长度固定为 54 个字节（Byte），包含图像文件的类型、大小和位图阵列的起始位置等信息。位图信息包含图像的长和宽、每个像素的位数（可以是 1、4、8 和 24，分别对应单色、16 色、256 色和真彩色的情况）、压缩方法、目标设备的水平和垂直分辨率等信息。位图阵列包含原始图像里每个像素的值（每 3 个字节表示一个像素，分别是蓝、绿、红的值），它的存储格式有压缩（仅用于16 色和 256 色图像）和非压缩两种。

2. GIF 格式

GIF 格式是一种公用的图像文件格式标准，它是 8 位文件格式（一个像素一个字节），最多只能存储 256 色图像。GIF 文件中的图像数据均为压缩过的。GIF 文件结构较复杂，一般包括 7 个数据单元，分别为：文件头、通用调色板、图像数据区以及 4 个补充区。其中，表头和图像数据区是不可缺少的单元。一个 GIF 文件中可以存放多幅图像（这个特点对实现网页上的动画效果很有利），所以文件头中包含适用于所有图像的全局数据和仅属于其后那幅图像的局部数据。当文件中只有一幅图像时，全局数据和局部数据一致；存放多幅图像时，每幅图像集中成一个图像数据块，每块的第一个字节是标识符，指示数据块的类型（可以是图像块、扩展块或文件结束符）。

3. TIFF 格式

TIFF 格式是一种独立于操作系统和文件系统的格式（在 Windows 环境和 Macintosh 机上都可使用），便于在软件之间进行图像数据交换。TIFF 图像文件包括文件头（表头）、文件目录（标识信息区）和文件目录项（图像数据区）。文件头只有一个，且在文件前端，包含数据存放顺序、文件目录的字节偏移信息。文件目录包含文件目录项的个数信息，并有一组标识信息，它会给出图像数据区的地址。文件目录项是存放信息的基本单位，也称为域。从类别上讲，域主要包括基本域、信息描述域、传真域、文献存储域和检索域 5 类。TIFF 格式的描述能力很强，可制定私有的标识信息。TIFF 格式支持任意大小的图像，文件可分为：二值图像、灰度图像、调色板彩色图像和全彩色图像四类。一个 TIFF 文件中可以存放多幅图像，也可存放多份调色板数据。

4. JPEG 格式

JPEG 格式源自对静止灰度或彩色图像的一种压缩标准 JPEG，在使用有损压缩方式时可节省相当大的空间，目前数码相机中均使用这种格式。JPEG 标准只是定义了一个规范的编码数据流，并没有规定图像数据文件的格式。Cube Microsystems 公司定义了一种JPEG 文件交换格式（JPEG File Interchange Format，JFIF），JFIF 图像是一种使用灰度来表示或使用 Y、Cb、Cr 分量彩色表示的 JPEG 图像，它包含一个与 JPEG 兼容的文件头。一个 JFIF 文件通常包含单个图像，该图像可以是灰度的（其中的数据为单个分量），也可以是彩色的（其中的数据是 Y、Cb、Cr 分量）[17-18]。

5.3 灰度变换

在图像处理中,空域是指由像素组成的空间,也就是图像域。空域增强方法指直接作用于像素并改变其特性的预处理方法。具体的增强操作可仅定义在每个像素位置 (x,y) 上,此时称为点操作。增强操作还可定义在每个 (x,y) 的某个邻域上,此时常称为邻域操作,定义为[19]

$$g(x,y) = E(f(x,y)) \qquad (5.2)$$

其中,$f(x,y)$ 和 $g(x,y)$ 分别为增强前后的图像,而 E 代表增强操作。

点操作是一种通过对图像中的每个像素值(即像素点上的灰度值)进行计算的操作,又叫作点运算。点运算常用于改变图像的灰度范围及分布,是图像数字化及图像显示的重要工具。在真正进行图像处理之前,有时可以用点运算来克服图像数字化设备的局限性[19]。

邻域操作中输出图像的每个像素值都是由对应的输入像素及其某个邻域内的像素共同决定的。通常邻域是指一个远远小于图像尺寸的形状规则的像素块,例如 2×2、3×3、4×4 的正方形,或用来近似表示圆及椭圆等形状的多边形。一幅图像所定义的邻域应该具有相同的大小,信号与系统分析中的卷积基本运算,在实际的图像处理中都体现为某种特定的邻域运算[19]。

点运算与邻域操作一起形成了基本的、重要的图像处理方法,尤其是滑动邻域操作,经常被用于图像处理技术当中。下面将对这两种运算方法进行详细介绍。

5.3.1 点运算

点运算是像素的逐点运算,它将输入图像映射为输出图像,输出图像每个像素点的灰度值仅由对应的输入像素点的灰度值决定。点运算不会改变图像内像素点之间的空间关系。设输入图像为 $A(x,y)$,输出图像为 $B(x,y)$,则点运算可表示为

$$B(x,y) = f(A(x,y)) \qquad (5.3)$$

点运算完全由灰度映射函数 f 决定。根据 f 不同,可以将点运算分为线性点运算和非线性点运算两种[19]。

1. 线性点运算

线性点运算是指灰度变换函数 f 为线性函数时的运算。用 D_A 表示输入点的灰度值,D_B 表示相应输出点的灰度值[19],如图 5-3 所示,则函数的形式如下:

$$f(D_A) = aD_A + b = D_B \qquad (5.4)$$

当 $a>1$ 时,输出图像的对比度会增大;当 $a<1$ 时,输出图像的对比度会减小;当 $a=1$、$b=0$ 时,输出图像就是输入图像的简单复制;当 $a=1$、$b>0$(或 $b<0$)时,输出图像

在整体效果上比输入图像要明亮(或灰暗)[19]。例如，如果对图 5-4(a)所示的 PCB 板子利用如图 5-3(b)所示的灰度变换函数进行点运算，那么将产生如图 5-4(b)所示的效果。

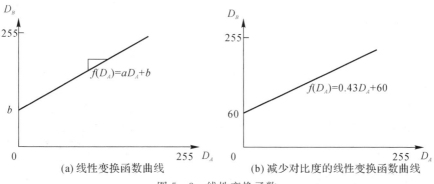

(a) 线性变换函数曲线　　　　　　　(b) 减少对比度的线性变换函数曲线

图 5-3　线性变换函数

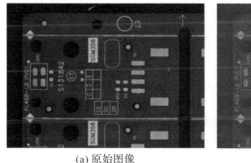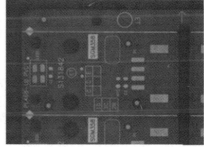

(a) 原始图像　　　　　　　　(b) 对比度减小后的图像

图 5-4　图像对比度减小前、后的比较

2. 非线性点运算

非线性点运算常用的有伽马变换，又称为指数变换或幂变换，是一种常用的灰度非线性变换。伽马变换所用数学表达式为

$$g(x,y) = c(f(x,y)^{\gamma} + \mathrm{esp}) \tag{5.5}$$

其中，c 为尺度比例常数，γ 为伽马系数，$f(x,y)$ 与 $g(x,y)$ 的取值范围均为[0,1]，esp 为补偿系数。

伽马变换主要用于图像校正，将漂白图像或者过黑图像进行修正。伽马变换也常用于显示屏的校正。γ 是图像灰度校正中非常重要的一个参数，其取值决定了输入图像和输出图像之间的灰度映射方式，即决定了是增强低灰度(阴影区域)还是增强高灰度(高亮区域)。$\gamma > 1$ 时，图像的高灰度区域对比度得到增强；$\gamma < 1$ 时，图像的低灰度区域对比度得到增强；$\gamma = 1$ 时，这一灰度变换是线性的，即不改变原图像[16,20]。

在进行变换时，通常需要先将 0～255 的灰度动态范围变换到 0～1 的动态范围，然后执行伽马变换后再恢复原动态范围。和对数变换一样，伽马变换可以强调图像的某个部分。伽马变换结果如图 5-5 所示，其中图 5-5(a)为原图，图(b)和图(c)为伽马系数分别取 0.5 和 1.8 时变换后得到的图像[16]。

(a)原图　　　　　　　(b)伽马系数为 0.5 的结果图　　　　　　　(c)伽马系数为 1.8 的结果图

图 5-5　图像的伽马变换

5.3.2　图像的邻域操作

邻域操作包括滑动邻域操作和分离邻域操作两种类型。在进行滑动邻域操作时，输入图像将以像素为单位进行处理，即对于输入图像的每一个像素，指定的操作将决定输出图像相应的像素值。分离邻域操作是基于像素邻域的数值进行的，输入图像一次处理一个邻域，即图像被划分为矩形邻域，分离邻域操作将分别对每一个邻域进行操作，求取相应输出邻域的像素值。

1. 滑动邻域操作

滑动邻域操作一次处理一个像素，输出图像的每个像素都是通过对输入图像某邻域内的像素值采用某种代数运算得到的。图 5-6 所示为一个 5×6 矩阵中三个元素的 2×3 滑动邻域，每一个邻域的中心像素都用一个黑点标出[19]。

中心像素是输入图像真正要进行处理的像素。如果邻域含有奇数行和列，那么中心像素就是邻域的真实中心；如果行或列有一维为偶数，那么中心像素将位于中心偏左或偏上方。例如，在一个 2×2 的邻域中，中心像素就是左上方的像素，而图 5-6 所示的 2×3 邻域的中心像素为(1,2)，即位于邻域中第一行、第二列的像素[19]。

实现一个滑动邻域操作需要以下几个步骤：选择一个单独的待处理像素；判断像素的邻域；对邻域中的像素值应用一个函数求值并返回计算结果；找到输出图像与输入图像对应位置处的像素，将该像素的数值设置为上一步得到的返回值。对输入图像的每一个像素重复上述步骤[19]。

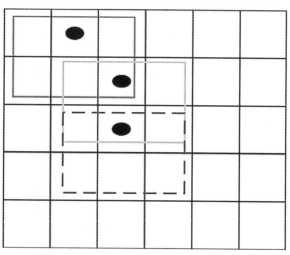

图 5-6   5×6矩阵中三个元素的2×3滑动邻域

图 5-7 所示描述了一个均衡化操作。滑动邻域操作首先对邻域内的6个像素值求和，然后除以6，将结果作为邻域中心像素的取值。注意，邻域内某些像素很可能会丢失，尤其是当中心像素位于图像边界时。例如，在图 5-7 中左上角和右下角的邻域将包含不存在的像素，为了对这些包含了额外像素的邻域进行处理，滑动邻域操作将自动进行图像边界填充，通常使用数值0作为填充值。也就是说，滑动邻域操作中假定图像由一些额外的全零行和全零列包围着，这些行和列不会成为输出图像的一部分，仅仅作为图像真实像素的临时邻域来使用[19]。

使用滑动邻域操作可以实现许多滤波操作（如线性滤波的卷积操作），这些操作在本质上都是非线性操作。

(a) 操作前效果图

(b) 操作后效果前

图 5-7   滑动邻域操作前、后图像显示效果比较

2. 分离邻域操作

分离邻域是将矩阵划分为 $m×n$ 后得到的矩形部分。分离邻域从左上角开始覆盖整个矩阵，邻域之间没有重叠部分。如果分割的邻域不能很好地适应图像的大小，那么需要为图像进行零填充。图 5-8 所示为一个被划分为九个 $2×4$ 邻域的 $5×10$ 矩阵，零填充过程将数值 0 添加到图像矩阵所需的底部和右边，此时图像矩阵大小变为 $6×12$。

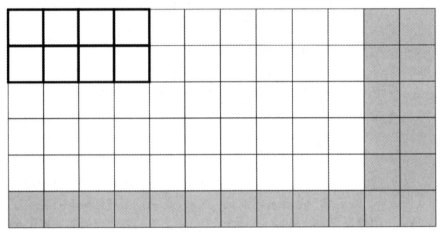

图 5-8　划分为 9 个 $2×4$ 邻域的 $5×10$ 矩阵

5.4　几何变换

5.4.1　几何运算与坐标系统

几何运算与点运算不同，可以看成像素在图像内的移动过程，该移动过程可以改变图像中物体对象（像素）之间的空间关系。几何运算可以是不受任何限制的，但是通常都需要做出一些限制以保持图像的外观顺序。完整的几何运算需要由空间变换算法和灰度插值算法两个算法来实现。空间变换主要用来保持图像中曲线的连续性和物体的连通性，一般都采用数学函数形式来描述输入、输出图像相应像素间的空间关系。空间变换的一般定义为

$$g(x,y)=f(x',y')=f(a(x,y),b(x,y)) \tag{5.6}$$

其中，f 表示输入图像；g 表示输出图像；坐标 (x',y') 指的是空间变换后的坐标，要注意这时的坐标已经不是原来的坐标 (x,y) 了；$a(x,y)$ 和 $b(x,y)$ 分别是图像的 x 和 y 坐标的空间变换函数[19]。

灰度插值主要用于对空间变换后的像素赋予灰度值，恢复原位置处的灰度值。在几何运算中，灰度插值是必不可少的组成部分，因为图像一般用整数位置处的像素来定义。在

几何变换中，$g(x,y)$ 的灰度值一般由处在非整数坐标上的 $f(x,y)$ 的值来确定，即 g 中的一个像素一般对应于 f 中几个像素之间的位置。反过来看也是一样，即 f 中的一个像素往往被映射到 g 中几个像素之间的位置[19,21]。

显然，要了解空间变换，首先就要对图像的坐标系统有一个清楚的了解。图像处理过程中一般采用像素坐标系统和空间坐标系统两种坐标系统。描述位置最方便的方法就是采用像素坐标。在这种坐标系统下，图像被视为如图 5 - 9(a)所示的离散元素网格，网格按照从上到下、从左到右的顺序排列。在很多情况下，空间坐标系统是非常有用的，此时坐标 $(3.3, 1.2)$ 是有意义的，该位置与坐标 $(3, 1)$ 是有区别的。图 5 - 9(b)说明了这种空间坐标系统的定位方法[19]。

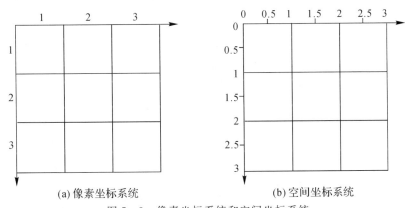

(a) 像素坐标系统　　　　　　　　(b) 空间坐标系统

图 5 - 9　像素坐标系统和空间坐标系统

实现几何运算有两种方法：一为前向映射法，即将输入像素的灰度一个个地转移到输出图像中，如果一个输入像素被映射到四个输出像素之间的位置，则其灰度值就按插值法在四个输出像素之间进行分配；二为后向映射法(像素填充法)，即将输出像素逐个地映射回输入图像中，若输出像素被映射到四个输入像素之间的位置，则其灰度由它们的插值来确定。在实际中，通常采用后向映射法[19]。

几何变换常用于摄像机的几何校正过程中，这对于利用图像进行几何测量十分重要。

5.4.2　灰度插值

灰度插值是用来估计像素在图像像素间某一位置处取值的过程。例如，如果用户修改了一幅图像的大小，使其包含比原始像素更多的像素，那么必须使用插值方法计算额外像素的灰度取值。

灰度插值的方法有很多种，但是插值操作都是相同的。无论使用何种插值方法，首先都需要找到与输出图像像素相对应的输入图像点，然后通过计算该点附近某一像素集合的加权平均值来确定输出像素的灰度值。像素的权重是根据像素到点的距离而定的，不同插值方法的区别就在于所考虑的像素集合不同。例如，对于最近邻插值来说，输出像素将被指定为像素点所在位置处的像素值，其他像素都不考虑；对于双线性插值，输出像素值是像素 2×2 邻域内的加权平均值；对于双三次插值，输出像素值是像素 4×4 邻域内的加权平均值[21]。

最近邻插值是一种最简单的插值方法，但是这种方法有时不够精确。复杂一点的方法是双线性插值，该方法利用的是 (x,y) 点的四个最近邻像素的灰度值，如图 5-10 所示，先利用 $(0,0)$ 和 $(1,0)$ 处的值 $f(0,0)$ 和 $f(1,0)$ 线性插值出 $(x,0)$ 处的值 $f(x,0)$，利用 $(0,1)$ 和 $(1,1)$ 处的值 $f(0,1)$ 和 $f(1,1)$ 线性插值出 $(x,1)$ 处的值 $f(x,1)$，然后利用 $(x,0)$ 和 $(x,1)$ 处的值 $f(x,0)$ 和 $f(x,1)$ 线性插值出 (x,y) 处的值 $f(x,y)$。

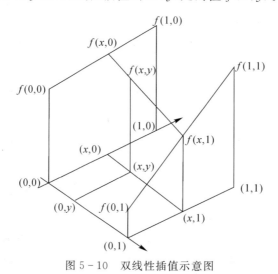

图 5-10 双线性插值示意图

插值产生的输出图像的效果依赖于输入图像的类型。如果输入图像是双精度类型的，那么输出图像是一幅双精度类型的灰度图像；如果输入图像是 uint8 类型的，那么输出的是 uint8 类型的图像。

5.4.3 空间变换

空间变换用于将输入图像的像素位置映射到输出图像的新位置处。常用的图像几何操作（如调整图像大小、旋转或剪切）都是空间变换的例子。空间变换既包括可用数学函数表达的简单变换（如平移、拉伸等仿射变换），也包括依赖于实际图像而不易用函数形式描述的复杂变换。例如，对存在几何畸变的拍摄的图像进行校正，需要实际拍摄栅格图像，根据栅格的实际扭曲数据建立空间变换[19]。

空间变换又叫仿射变换，其思想是通过仿射变换矩阵，把旋转后的图像坐标仿射回原图像点,并通过一定的方法计算出该点在原图像上的灰度值,作为旋转后的图像上该点的灰度值[19]。仿射变换可以用以下函数来描述:

$$f(x) = \boldsymbol{A}x + \boldsymbol{b} \tag{5.7}$$

其中,$\boldsymbol{A}$ 是变形矩阵,$\boldsymbol{b}$ 是平移矢量。在二维空间中,可以按照以下四种方式对图像应用仿射变换:

(1) 尺度变换:选择变形矩阵为($s \geqslant 0$)

$$\boldsymbol{A}_s = \begin{bmatrix} s & 0 \\ 0 & s \end{bmatrix} \tag{5.8}$$

(2) 伸缩:选择变形矩阵为

$$\boldsymbol{A}_t = \begin{bmatrix} t & 0 \\ 0 & 1 \end{bmatrix} \tag{5.9}$$

(3) 扭曲:选择变形矩阵为

$$\boldsymbol{A}_u = \begin{bmatrix} 1 & u \\ 0 & 1 \end{bmatrix} \tag{5.10}$$

(4) 旋转:选择变形矩阵为

$$\boldsymbol{A}_r = \begin{bmatrix} \cos\theta & -\sin\theta \\ \sin\theta & \cos\theta \end{bmatrix}, \ 0 \leqslant \theta \leqslant 2\pi \tag{5.11}$$

对一幅图像分别进行以上四种仿射变换,产生的效果如图 5-11 所示。

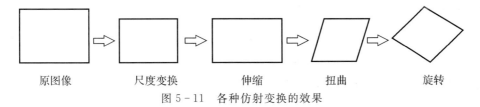

原图像　　　　　尺度变换　　　　　伸缩　　　　　扭曲　　　　　旋转

图 5-11　各种仿射变换的效果

最终的变形矩阵可以表示为

$$\boldsymbol{A}_d = \begin{bmatrix} s \times t \times \cos\theta + s \times t \times u \times \sin\theta & s \times t \times u \times \cos\theta - s \times t \times \sin\theta \\ s \times \sin\theta & s \times \cos\theta \end{bmatrix} \tag{5.12}$$

5.5　直方图均衡化

直方图均衡化又称为灰度均衡化,是指通过某种灰度映射使输入图像转换为在每一灰度级上都有近似相同的像素点数的输出图像(即输出的直方图是均匀的)。在经过均衡化处理后的图像中,像素将占有尽可能多的灰度级并且分布均匀。因此,这样的图像具有较高的对比度和较大的动态范围。经验表明,直方图越趋于均匀,则图像在视觉上越清晰[16]。

为了便于分析，首先考虑灰度范围为 0~1 且连续的情况。此时图像的归一化直方图即为概率密度函数：

$$p(x), 0 \leqslant x \leqslant 1 \tag{5.13}$$

由概率密度函数的性质，有

$$\int_0^1 p(x)\mathrm{d}x = 1 \tag{5.14}$$

设转换前图像的概率密度函数为 $p_r(r)$，转换后图像的概率密度函数为 $p_s(s)$，转换函数（灰度映射关系）$s = f(r)$。由概率论知识可得

$$p_s(s) = p_r(r)\frac{\mathrm{d}r}{\mathrm{d}s} \tag{5.15}$$

这样，如果想使转换后图像的概率密度函数 $p_s(s) = 1$，$0 < s < 1$（即直方图为均匀的），则必须满足：

$$p_r(r) = \frac{\mathrm{d}s}{\mathrm{d}r} \tag{5.16}$$

对等式两边的 r 积分，可得

$$s = f(r) = \int_0^r p_r(\mu)\mathrm{d}\mu \tag{5.17}$$

式(5.17)被称为图像的累积分布函数，是在灰度取值为 $[0,1]$ 的情况下推导出来的，对于 $[0,255]$ 的情况，只要乘以最大灰度值 $D_{\max}$（对于灰度图，$D_{\max} = 255$）即可[16,20]。此时灰度均衡的转换公式为

$$D_B = f(D_A) = D_{\max}\int_0^{D_A} P_{D_A}(\mu)\mathrm{d}\mu \tag{5.18}$$

式中，D_B 为转换后的灰度值，D_A 为转换前的灰度值。

对于离散灰度级，相应的转换公式为

$$D_B = f(D_A) = \frac{D_{\max}}{A_0}\sum_{i=0}^{D_A} H_i \tag{5.19}$$

式中，H_i 为第 i 级灰度的像素个数；A_0 为图像的面积，即像素总数。

由上面的分析可得直方图均衡化计算过程如下：

（1）列出原始图像和变换后图像的灰度级 $i,j = 0,1,\cdots,L-1$，其中 L 是灰度级数；

（2）统计原图像各灰度级的像素个数 n_i；

（3）计算原始图像直方图 $P(i) = n_i/n$，n 为原始图像像素总个数；

（4）计算累积直方图 $P_j = \sum_{k=0}^{j} P(k)$；

（5）利用灰度变换函数计算变换后的灰度值，并四舍五入取整，$j = \mathrm{INT}[(L-1)P_j + 0.5]$；

（6）确定灰度变换关系 $f(m,n)=i$，据此将原图像的灰度值修正为 $g(m,n)=j$；

（7）统计变换后各灰度级的像素个数 n_j；

（8）计算变换后图像的直方图 $P(j)=n_j/n$。

例如，设有一幅大小为 64×64、包含灰度值 $0\sim7$ 共 8 个灰度级的数字图像，其各灰度级的像素个数见表 5-1，要求对其直方图均衡化，求出灰度变换关系和变换后的直方图。

表 5-1 图像各灰度级的像素个数

灰度级 i	0	1	2	3	4	5	6	7
像素个数 n_i	785	1020	852	650	333	245	130	80

解 首先计算原图像的灰度直方图：

$$P(i)=\frac{n_i}{n},\ i=0,1,\cdots,L-1 \tag{5.20}$$

式中，$L=8$，$n=64\times64$。然后计算累积直方图：

$$P_j=\sum_{k=0}^{i}P(k) \tag{5.21}$$

最后求取变换关系和变换后的灰度值。

图 5-12 所示是直方图均衡化的实验效果。从图 5-12 中可以看出，当原始图像的直方图不同而图像的结构性内容相同时，直方图均衡化得到的结构在视觉上几乎是完全一致的。这一结论对于在进行图像分析和比较之前将图像转化为同一形式是十分有用的。从灰度直方图的意义上来说，如果一幅图像的直方图中非零范围占有所有可能的灰度级并且在这些灰度级上均匀分布，那么这幅图像的对比度较高，而且灰度色调较为丰富，从而易于进行判读。直方图均衡化算法恰恰能满足这一要求[16,22]。

（a）原始图像

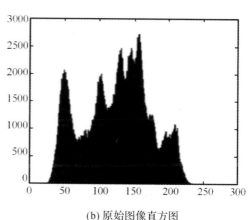

（b）原始图像直方图

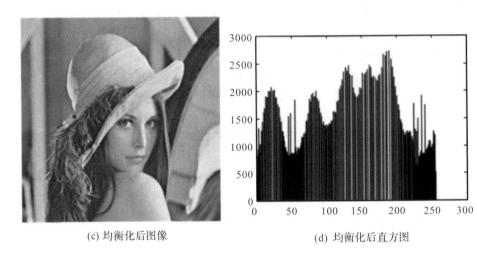

(c) 均衡化后图像　　　　　　　　　(d) 均衡化后直方图

图 5-12　图像直方图均衡化的结果

5.6　图像滤波

　　滤波是一种常用的图像预处理方法，其理论基础是空间卷积，目的是改善图像质量，包括去除高频噪声与干扰、影像边缘增强、线性增强以及去模糊等。空间滤波在进行平滑处理时主要采用均值滤波、加权均值滤波、中值滤波以及高斯滤波等方法。

　　滤波是在图像空间借助模板进行邻域操作来实现的。在空域内，滤波器的实现过程如图 5-13 所示。

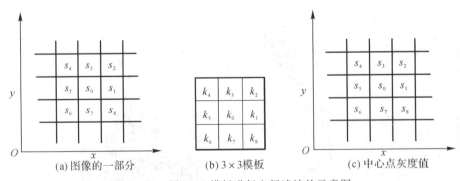

(a) 图像的一部分　　　　(b) 3×3 模板　　　　(c) 中心点灰度值

图 5-13　用 3×3 模板进行空间滤波的示意图

　　图 5-13(a) 给出一幅图像的一部分，其中标注的是像素的灰度值。假设有一个 3×3 的模板如图 5-13(b) 所示，模板内所标为模板系数。如果将 k_0 所在的位置与图中灰度值为 s_0

的像素重合，即将模板中心放在图中(x,y)位置，则模板的输出响应R为

$$R = k_0 s_0 + k_1 s_1 + \cdots + k_8 s_8 \tag{5.22}$$

将R赋给增强图，作为在(x,y)位置的灰度值，如图 5-13(c)所示。如果对原图每个像素都如此操作就可以得到增强图所有位置的新灰度值。在设计滤波器时给各个k赋予不同的值，就可以得到不同的滤波效果。

注意：在卷积操作开始之前，要先增加边缘像素，比如 3×3 滤波时，要在图像四周各填充一个像素的边缘，这样就确保图像的边缘能被处理，在卷积处理之后再去掉这些边缘。常用的方法有：

（1）对称法，就是以最边缘像素为轴对称复制（通常为默认方法）。

（2）常量法，就是以一个常量像素值（由参数给定）填充扩充的边界值，这种方式在仿射变换、透视变换中非常常见。

（3）复制法，就是复制最边缘像素。

为了对比不同滤波方法的效果，下面选取图 5-14 所示的大小为 256×256 的含有椒盐噪声的图片作为对象进行实验。实验过程中，对常见的均值滤波、加权均值滤波、中值滤波、高斯滤波分别进行实验[13]。

5.6.1 均值滤波

均值滤波顾名思义是用平均值进行滤波。通常是利用一个 $N\times N$ 的窗口在图像上滑动，再用窗口内所有像素值的平均值作为窗口中心点的值。根据窗口大小不同可以出现不同的滤波效果。常用的窗口大小有 2×2、3×3 等。

邻域平均是图像平滑和滤波的一种直接的空域方法。对于给定的图像$f(x,y)$中的每个像点(x,y)，取其邻域S。设S含有M个像素，取其平均值作为处理后所得图像(x,y)处的灰度。用像素邻域内各像素灰度平均值来代替该像素原来的灰度，即为邻域平均。经图像平滑后，像素对应的输出为

$$g(x,y) = \frac{1}{M}\sum_{(m,n)\in S} f(m,n) \tag{5.23}$$

图 5-14 所示是采用九点均值模板对图像进行滤波的结果，图 5-14(a)是原图，图(b)是处理后的图像。通过图像对比可以看出，均值滤波使得图像锐度降低，并且边缘出现模糊。实验结果表明均值滤波可以对图像进行平滑处理。但因为是用平均值，对所有的点都是同等对待，在将噪声点分摊的同时也将特征点分掉，所以图像会出现模糊，并且噪声点只是亮度值变小而非彻底去除[16]。

(a) 含有噪声的图像　　　　　　(b) 滤波后的图像

图 5-14　均值滤波效果图

1. 加权均值滤波

加权均值滤波就是在均值滤波的基础上改变均值滤波模板的值。以 3×3 大小为模板，对均值模板的权值进行改变，对靠近中心点的像素修改权值，越靠近中心点其对最终图像的像素影响越大。如下列 H_1 为均值滤波模板，H_2 为加权均值滤波模板。选用 H_2 模板加权均值滤波的效果如图 5-15 所示。实验结果表明，相比均值滤波，加权均值滤波的直观感受是比均值滤波更加清晰，因为权值的改变，使得图像的边缘比平均更加明显。

$$H_1 = \frac{1}{9}\begin{bmatrix} 1 & 1 & 1 \\ 1 & 1 & 1 \\ 1 & 1 & 1 \end{bmatrix} \tag{5.24}$$

$$H_2 = \frac{1}{16}\begin{bmatrix} 1 & 2 & 1 \\ 2 & 4 & 2 \\ 1 & 2 & 1 \end{bmatrix} \tag{5.25}$$

从以上模板形式可得出，平滑模板的特点是：模板内系数全为正表示求和，所乘的小于 1 的系数表示取平均；模板系数之和为 1 表示对常数图像（$f(m,n)=$ 常数）处理前后不变，而对一般图像而言，处理前后平均亮度基本保持不变。

(a) 含有噪声的图像　　　　　　(b) 滤波后的图像

图 5-15　加权均值滤波效果图

2. 阈值均值滤波

均值滤波的算法简单，但抗噪性能不好，这是由于它是对模板上的所有点进行处理，而当噪声点与实际图像的灰度差异过大时，也会对滤波结果造成较大的影响，可以采用带有阈值的均值滤波加以改善。

带有阈值的均值滤波如式(5.26)所示，当像素点大小与其邻域平均像素差高于一个阈值时，才能用模板对其滤波，否则保持不变。这样可以有效去除噪声点的干扰。

$$g(x,y) = \begin{cases} \dfrac{1}{M} \sum_{(m,n) \in S} f(m,n), & \left| f(x,y) - \dfrac{1}{M} \sum_{(m,n) \in S}^{n} f(m,n) \right| > T \\ f(x,y), & \left| f(x,y) - \dfrac{1}{M} \sum_{(m,n) \in S}^{n} f(m,n) \right| \leqslant T \end{cases} \quad (5.26)$$

5.6.2　中值滤波

对受到噪声污染的退化进行还原时，采用线性滤波方法来处理比较有效。但是多数线性滤波器具有低通特性，在去除噪声的同时也使图像的边缘模糊，所以有些情况下需要采用非线性滤波器。中值滤波是一种非线性信号处理方法，与其对应的中值滤波器当然也就是一种非线性滤波器。中值滤波器在一定条件下，可以克服线性滤波器由均值滤波等带来的图像细节的模糊，而且对滤除脉冲干扰及图像扫描噪声最为有效。在实际运算过程中并不需要图像的统计特性，这也带来不少方便。中值滤波的基本原理是用像素邻域内灰度的中值代表该像素的值。

中值滤波器的使用非常普遍，这是因为对于一定类型的随机噪声，它提供了一种优秀的去噪能力，比小尺寸的平滑滤波器的模糊程度明显要低。中值滤波器对处理脉冲噪声(也称为椒盐噪声)非常有效，因为这种噪声是以黑白点叠加在图像上的。

中值滤波的工作原理如下：

(1) 将模板在图像中漫游，并将模板中心与图中某个像素位置重合；

(2) 读取模板下各对应像素的灰度值；

(3) 将这些灰度值从小到大排列；

(4) 找出这些值里排在中间的值；

(5) 将这个中间值赋给对应模板中心位置的像素。

由以上步骤可以看出，中值滤波器的主要功能就是让与周围像素灰度值的差比较大的像素改成与周围像素值接近的值，从而可以消除孤立的噪声点。因为它不是简单地取均值，所以由于模糊而对目标点造成的损害较小。

对图中带有高斯噪声的图像进行中值滤波，结果如图5-16所示。从图中的滤波效果可以看出，中值滤波不仅消除了噪声，而且保持了图像的细节。对于椒盐噪声，中值滤波的滤波效果最好。

(a) 含有噪声的图像　　　　(b) 滤波后的图像

图 5 - 16　中值滤波效果图

5.6.3　高斯滤波

高斯滤波器是一类根据高斯函数的形状来选择权值的线性平滑滤波器，其对于抑制服从正态分布的噪声非常有效。对于图像来说，常用二维离散高斯函数作为平滑滤波器。二维高斯函数为

$$G(x,y) = \frac{1}{2\pi \sigma^2} e^{-\frac{x^2+y^2}{2\sigma^2}} \tag{5.27}$$

二维高斯函数具有旋转对称性，即滤波器在各个方向上的平滑程度是相同的。一般来说，一幅图像的边缘方向是事先不知道的。因此，在滤波前无法确定一个方向上比另一个方向上需要更多的平滑。旋转对称性意味着高斯平滑滤波器在后续边缘检测中不会偏向任一方向。

高斯函数是单值函数。这表明，高斯滤波器用像素邻域的加权均值来代替该点的像素值，而每一邻域像素点权值是随该点与中心点的距离单调递减的。这一性质非常重要，因为边缘是一种图像局部特征，如果平滑运算对离算子中心很远的像素点仍然有很大作用，则平滑运算会使图像失真。

高斯函数的傅里叶变换频谱是单瓣的，这一性质是高斯函数傅里叶变换等于高斯函数本身这一事实的直接推论。图像常被不希望的高频信号所污染（噪声和细纹理），而所希望的图像特征（如边缘）既含有低频分量，又含有高频分量。高斯函数傅里叶变换频谱的单瓣意味着平滑图像不会被不需要的高频信号所污染，同时保留了大部分所需信号。

高斯滤波器宽度（决定着平滑系数）由参数 σ 表征，而且其和平滑程度的关系非常简单。σ 越大，高斯滤波器的频带就越宽，平滑程度就越好。通过调节平滑程度参数，可在图像特征过分模糊（过平滑）与平滑图像中由于噪声和细纹所引起的过多的不希望突变量（欠平滑）之间取得折中。

由于高斯函数的可分离性，较大尺寸的高斯滤波器得以有效实现。二维高斯函数卷

积可以分两步来进行：首先将图像与一维高斯函数进行卷积，然后将卷积结果与方向垂直的高斯函数卷积。因此，二维高斯滤波的计算量随滤波模板宽度呈线性增长而不是平方增长。

对图 5-17(a) 中带有高斯噪声的图像进行高斯滤波，结果如图 5-17(b) 所示，可以看出图中的噪声得到了抑制，同时原图像的信息也基本得到了保留。

(a) 含有噪声的图像　　　　　　(b) 滤波后的图像

图 5-17　高斯滤波效果图

5.7　图像锐化

一般来说，图像的能量主要集中在低频部分，噪声所在的频段主要在高频段，同时图像边缘信息也主要集中在高频部分。这导致原始图像在平滑处理之后，图像边缘和图像轮廓可能变模糊。为了减少这类情况，使得图像更加清晰，需要采用图像锐化技术。图像锐化处理的目的是使图像的边缘、轮廓线以及图像的细节变得清晰。经过平滑后图像变得模糊的根本原因是对图像进行了平均或积分运算。因此，可以对其进行逆运算（如微分运算）使图像变得清晰。从频率谱来考虑，图像模糊的实质是因为其高频分量被衰减，可以用高通滤波器使图像清晰。但要注意，能够进行锐化处理的图像必须有较高的信噪比，否则锐化后图像信噪比反而更低，从而使得噪声增加的比信号还要多。一般情况应先去除或减轻噪声，再进行锐化处理。常用的锐化方法有一阶微分算子和二阶微分拉普拉斯算子。这里仅介绍在 Robert、Laplace、Sobel 算子基础上的图像锐化方法[16]。

5.7.1　Robert 算子

图像的边缘总是以图像中强度的突变形式出现的，所以景物边缘包含着大量的信息。图像的边缘具有十分复杂的形态，最常用的边缘检测方法是梯度检测法[13]，这里 Robert 算子图像锐化的原理和边缘检测原理相同。

设 $f(x,y)$ 是图像灰度分布函数，$s(x,y)$ 是图像边缘的梯度值，$\varphi(x,y)$ 是梯度的方向，

则有

$$s(x,y) = \sqrt{[f(x+1,y)-f(x,y)]^2 + [f(x,y+1)-f(x,y)]^2} \tag{5.28}$$

$$\varphi(x,y) = \arctan\frac{f(x,y+1)-f(x,y)}{f(x+1,y)-f(x,y)} \tag{5.29}$$

式(5.28)与式(5.29)可以得到图像在(x,y)点处的梯度大小和梯度方向。而

$$g(x,y) = \sqrt{[f(x,y)-f(x+1,y+1)]^2 + [f(x+1,y)-f(x,y+1)]^2} \tag{5.30}$$

$g(x,y)$称为 Robert 边缘检测算子。事实上 Robert 边缘检测算子是一种利用局部差分方法寻找边缘的算子，Robert 梯度算子所采用的是对角方向相邻两像素值之差，所以用差分代替一阶偏导，算子形式可表示如下：

$$\Delta_x f(x,y) = f(x,y) - f(x-1,y-1) \tag{5.31}$$

$$\Delta_y f(x,y) = f(x-1,y) - f(x,y-1) \tag{5.32}$$

Robert 算子的模板分为水平方向和垂直方向，如式(5.33)和(5.34)所示。实际应用中，图像中的每个像素点都用这两个模板进行卷积运算。为避免出现负值，在边缘检测时常提取其绝对值。利用 Robert 算子模板进行图像锐化，实验结果如图 5-18 所示。

$$\boldsymbol{d}_x = \begin{bmatrix} -1 & 0 \\ 0 & 1 \end{bmatrix} \tag{5.33}$$

$$\boldsymbol{d}_y = \begin{bmatrix} 0 & -1 \\ 1 & 0 \end{bmatrix} \tag{5.34}$$

(a) 含有噪声的图像   (b) 锐化后的图像

图 5-18　Robert 算子锐化效果图

5.7.2　Sobel 算子

Sobel 算子也是常用的图像锐化算子之一。Sobel 边缘算子所采用的算法是先进行加权平均，然后进行微分运算。我们可以用差分代替一阶偏导，该算子的计算方法如下：

$$\Delta_x f(x,y) = [f(x+1,y+1)+2f(x,y+1)+f(x-1,y+1)] -$$
$$[f(x+1,y-1)+2f(x,y-1)+f(x-1,y-1)] \tag{5.35}$$

$$\Delta_y f(x,y) = [f(x+1,y-1)+2f(x+1,y)+f(x+1,y+1)] - $$
$$[f(x-1,y-1)+2f(x-1,y)+f(x-1,y+1)] \tag{5.36}$$

Sobel 算子垂直方向和水平方向的模板如式(5.37)与式(5.38)所示,前者可以检测出图像中水平方向的边缘,后者则可以检测图像中垂直方向的边缘。实际应用中,图像中每一个像素点都用这两个卷积核进行卷积运算,取其最大值作为输出。运算结果是一幅体现边缘幅度的图像。

$$\boldsymbol{d}_x = \begin{bmatrix} -1 & -2 & -1 \\ 0 & 0 & 0 \\ 1 & 2 & 1 \end{bmatrix} \tag{5.37}$$

$$\boldsymbol{d}_y = \begin{bmatrix} -1 & 0 & 1 \\ -2 & 0 & 2 \\ -1 & 0 & 1 \end{bmatrix} \tag{5.38}$$

利用 Sobel 算子进行锐化的实验效果如图 5-19 所示。

 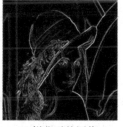

(a) 含有噪声的图像　　(b) 锐化后的图像

图 5-19　Sobel 算子锐化效果图

5.7.3　Laplace 算子

Laplace 算子是一种各向同性算子,属于二阶微分算子,在只关心边缘的位置而不考虑其周围的像素灰度差值时比较合适。Laplace 算子对孤立像素的响应要比对边缘或线的响应更强烈,因此只适用于无噪声图像。存在噪声的情况下,使用 Laplace 算子检测边缘之前需要先进行低通滤波。所以,通常的分割算法都是把 Laplace 算子和平滑算子结合起来生成一个新的模板。Laplace 算子也是最简单的各向同性微分算子,具有旋转不变性。一个二维图像函数的 Laplace 变换是各向同性的二阶导数[16],其定义为

$$\Delta^2 f(x,y) = \frac{\partial^2}{\partial x^2} f(x,y) + \frac{\delta^2}{\delta y^2} f(x,y) \tag{5.39}$$

用差分代替二阶偏导时,与前述一阶导数算子不同,Laplace 算子的四邻域与八邻域离散形式分别为

$$\Delta^2 f(x,y) = f(x+1,y) + f(x-1,y) + f(x,y+1) +$$
$$f(x,y-1) - 4f(x,y) \tag{5.40}$$
$$\Delta^2 f(x,y) = f(x-1,y-1) + f(x,y-1) + f(x+1,y-1) +$$
$$f(x-1,y) + f(x+1,y) + f(x-1,y+1) +$$
$$f(x,y+1) + f(x+1,y+1) - 8f(x,y) \tag{5.41}$$

上述检测算子的四邻域与八邻域模板见式(5.42)与式(5.43)。模板的基本特征是：中心位置的系数为正，其余位置的系数为负，且模板的系数之和为 0。它的使用方法是用图中的两个点阵之一作为卷积核，与原图像进行卷积运算即可。Laplace 算子又是一个线性移不变算子，它的传递函数在频域空间的原点为零。因此，一个经拉普拉斯滤波过的图像具有 0 平均灰度。拉普拉斯检测模板的特点是各向同性，对孤立点及线端的检测效果好，但边缘方向信息丢失，对噪声敏感整体检测效果不如梯度算子。因此，它很少直接用于边缘检测。但与 Sobel 算子相比，对图像进行处理时，Laplace 算子能使噪声成分得到加强，对噪声更敏感[16]。

$$\boldsymbol{W}_1 = \begin{bmatrix} 0 & -1 & 0 \\ -1 & 4 & -1 \\ 0 & -1 & 0 \end{bmatrix} \tag{5.42}$$

$$\boldsymbol{W}_2 = \begin{bmatrix} -1 & -1 & -1 \\ -1 & 8 & -1 \\ -1 & -1 & -1 \end{bmatrix} \tag{5.43}$$

利用式(5.42)与式(5.43)所表示的模板进行图像锐化，实验结果如图 5-20 所示。

(a) 含有噪声的图像　　　　(b) 锐化后的图像

图 5-20　Laplace 算子锐化效果图

本节分析了空间滤波常见的滤波方法，其中对椒盐噪声使用中值滤波的实验效果最好，高斯噪声使用高斯滤波达到的实验效果最好。在对图像进行锐化时，常用 Robert、Sobel、Laplace 算子进行实现。图像锐化的实质是在原来图像的基础上加重边缘。由于它们各自采用的算法不同，所以锐化效果也有差异，可以根据实际需求进行选择。这些锐化算子也常被用于边缘提取。

5.8　图像二值化

图像二值化，其目的是将目标和背景分离，为后续的目标定位、识别等任务做准备。灰度图像的二值化处理最常用的方法是阈值法，它利用图像中目标与背景的差异，选取合适的阈值，将图像分成两个不同的像素值级别，以确定某像素是目标还是背景部分，从而获得二值化的图像[16]。

对于阈值法二值化，假设阈值设置为 T，以 T 为边界，把图像分为两个部分，则二值化的公式如下：

$$g(x,y) = \begin{cases} 0, & f(x,y) < T \\ 255, & f(x,y) \geq T \end{cases} \tag{5.44}$$

式中，$f(x,y)$ 表示在图片 (x,y) 处的灰度值；$g(x,y)$ 表示二值化后的值，只能取 0 或者 255。

在阈值法二值化中，最主要的是选取合适的阈值，这也是二值化的难点。常用的二值化阈值选取方法有双峰法、P 参数法、大津法（Otsu 法）、最大熵阈值法、迭代法等[23]。

5.8.1　双峰法

1996 年，Prewitt 提出了直方图双峰法，即如果给定的图像的灰度分布是比较有规律的，目标和背景在图像的直方图上各自形成一个波峰，它们之间存在波谷。那么，阈值 T 可以在波谷处取值，如图 5-21 所示。

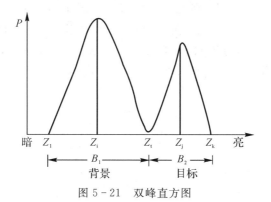

图 5-21　双峰直方图

实现的表达式如下：

$$g(x,y) = \begin{cases} 0, & f(x,y) < Z_t \\ 255, & f(x,y) \geq Z_t \end{cases} \tag{5.45}$$

式中，Z_t 为图 5-21 中的波谷，作为图像二值化的阈值；$f(x,y)$ 表示原始图像的灰度值；

$g(x, y)$ 表示二值化后的灰度值。

应用灰度直方图双峰法来分割图像，需要图像的先验知识。同一个直方图可以对应若干个不同的图像。直方图只表明图像中各个灰度级上有多少个像素，并不描述这些像素的任何位置信息。该方法不适合直方图中双峰差别很大或双峰间的谷比较宽广而平坦的图像以及单峰直方图的情况。

5.8.2 P 参数法

若已知目标区域的 P 值，则可以采用 P 参数法进行分割。假设已知直方图中目标区域所占的比例为 P，则该算法实现的步骤如下：

计算图像直方图的分布 $p(t)$，其中 $t = 0, 1, 2, \cdots, 255$，表示图像的灰度值。

（1）从 $t = 0$ 开始，计算图像的累积分布直方图，实现的表达式为

$$\mathrm{ACC}(t) = \sum_{i=0}^{t} p(i), \ t = 0, 1, 2, \cdots, 255 \tag{5.46}$$

（2）计算阈值 T，得到的 T 值表示 P 最接近累积分布的灰度分布值 t。

$$T = \arg\min_{t} |\mathrm{ACC}(t) - P|, \ t = 0, 1, 2, \cdots, 255 \tag{5.47}$$

5.8.3 大津法

大津法（Otsu 算法）的基本思想是用某一假定的灰度值 t 将图像的灰度分为两组，当两组的类间方差最大时，此灰度值 t 就是图像二值化的最佳阈值。假设图像有 L 个灰度值，那么灰度值的取值范围为 $0 \sim L-1$，在此范围内取灰度值 T，将图像分成两组 G_0 和 G_1，其中 G_0 包含的像素值为 $0 \sim T$，G_1 的灰度值为 $T+1 \sim L-1$。用 N 表示图像像素总数，n_i 表示灰度值为 i 的像素的个数。求值过程如下：假设每一个灰度值 i 出现的概率 $p_i = n_i / N$，G_0 和 G_1 两组像素个数在整体图像中所占的百分比为 ω_0 和 ω_1，两组平均灰度值为 μ_0 和 μ_1，则：

$$\omega_0 = \sum_{i=0}^{t} p_i \tag{5.48}$$

$$\omega_1 = \sum_{i=t+1}^{L-1} p_i = 1 - \omega_0 \tag{5.49}$$

$$\mu_0 = \sum_{i=0}^{t} i \times p_i \tag{5.50}$$

$$\mu_1 = \sum_{i=t+1}^{L-1} i \times p_i \tag{5.51}$$

图像总灰度值为

$$\mu = \omega_0 \times \mu_0 + \omega_1 \times \mu_1 \tag{5.52}$$

类间方差为

$$g(t) = \omega_0 (\mu_0 - \mu)^2 + \omega_1 (\mu_1 - \mu)^2 = \omega_0 \omega_1 (\mu_0 - \mu_1)^2 \qquad (5.53)$$

最佳阈值为

$$T = \arg \max_t g(t) \qquad (5.54)$$

通过以上的步骤可获取类方差最大值时对应的灰度值 T，即最佳的阈值。

对该算法可这样理解：阈值 T 将整幅图像分成前景和背景两部分，当两类的类间方差最大时，此时前景和背景的差别最大，二值化效果最好。因为方差是灰度分布均匀性的一种度量，方差值越大，说明构成图像的两部分差别越大，当部分目标错分为背景或部分背景错分为目标都会导致两部分差别变小，因此使类间方差最大的分割阈值意味着错分概率最小[23]。

当前，大津法已经得到了广泛的应用，但是当物体目标与背景灰度差不明显时，会出现无法忍受的大块黑色区域，甚至会出现丢失整幅图像的信息的情况。

5.8.4 最大熵阈值

信息论中的香农熵(Shannon Entropy)概念已用于图像分割，其依据是使得图像中目标与背景分布的信息量最大，即通过测试图像灰度直方图的熵，找出最佳的阈值。

对于灰度值范围为 $0 \sim L-1$ 的图像，其直方图熵的定义为[20]

$$H = -\sum_{i=0}^{L-1} p_i \ln p_i \qquad (5.55)$$

式中，p_i 为像素值为 i 的像素占整个图像的概率。

设阈值为 T，则将灰度值为 $0 \sim T$ 的像素点划分为背景 B 区，把灰度值在 $T+1 \sim L-1$ 的像素点划分为目标 O 区，它们的概率分布如下：

目标 O 区：

$$\frac{p_i}{P_T}, \ i = 0,1,\cdots,T \qquad (5.56)$$

其中，$P_T = \sum_{i=0}^{T} p_i$。

背景 B 区：

$$\frac{p_i}{1 - P_T}, \ i = T+1, T+2, \cdots, L-1 \qquad (5.57)$$

令 $H_T = -\sum_{i=0}^{T} p_i \ln p_i$，$H = -\sum_{i=0}^{L-1} p_i \ln p_i$，则目标 O 和背景 B 的熵函数分别为

$$H_0(T) = -\sum_{i=0}^{T} \frac{p_i}{P_T} \ln \frac{p_i}{P_T} = \ln P_T + \frac{H_T}{P_T} \qquad (5.58)$$

$$H_B(T) = -\sum_{i=T+1}^{L-1} \frac{p_i}{1 - P_T} \ln \frac{p_i}{1 - P_T} = \ln(1 - P_T) + \frac{H - H_T}{1 - P_T} \qquad (5.59)$$

图像的总熵为

$$H(T) = H_0(T) + H_B(T) = \ln P_T(1 - P_T) + \frac{H_I}{P_T} + \frac{H - H_T}{1 - P_T} \tag{5.60}$$

最佳阈值 $\text{Best}T$ 使得图像的总熵取最大值：

$$\text{Best}T = \arg\max_T H(T) \tag{5.61}$$

此方法不需要先验知识，而且对于非理想双峰直方图的图像也可以较好地进行较好分割。缺点是运算速度较慢不适合实时处理，同时仅仅考虑了像素点的灰度信息，没有考虑到像素点的空间信息，所以当图像的信噪比降低时分割效果不理想[20]。

5.8.5 迭代法

迭代法是基于逼近的思想，迭代阈值的获取步骤可以归纳如下：

(1) 选择一个初始阈值 $T(j)$，通常可以选择整体图像的平均灰度值作为初始阈值，j 为迭代次数，初始时 $j=0$。

(2) 用 $T(j)$ 分割图像，将图像分为 2 个区域 $C_1^{(j)}$ 和 $C_2^{(j)}$。

(3) 计算两区域的平均灰度值：

$$u_1^{(j)} = \frac{1}{N_1^{(j)}} \sum_{x,y \in C_1^{(j)}} f(x,y) \tag{5.62}$$

$$u_2^{(j)} = \frac{1}{N_2^{(j)}} \sum_{x,y \in C_2^{(j)}} f(x,y) \tag{5.63}$$

其中，$N_1^{(j)}$、$N_2^{(j)}$ 为第 j 次迭代时区域 $C_1^{(j)}$ 和 $C_2^{(j)}$ 的像素个数，$f(x,y)$ 表示图像中 (x,y) 点的灰度值。

(4) 计算新的门限值，即

$$T(j+1) = \frac{u_1^{(j)} + u_2^{(j)}}{2} \tag{5.64}$$

(5) 令 $j=j+1$，重复(2)～(4)，直到 $T(j+1)$ 与 $T(j)$ 的差小于规定值。

本 章 小 结

本章从实际应用中图像预处理阶段的功能需求出发，详细介绍了图像的显示与存储、灰度变换、几何变换、直方图均衡、图像滤波、图像锐化、图像二值化等技术。本章所介绍的技术可以有效提升图像目标特征的表征能力，提升后续图像处理的性能。本章有别于其他视觉书籍的内容组织形式，便于读者把理论学习和应用实践相结合，加深对视觉算法的理解。

第6章 图像定位技术

6.1 角点检测

图像定位技术是机器视觉系统中不可或缺的关键技术，角点检测和边缘提取是特征定位的基础。角点检测是机器视觉系统中用来获得图像特征的一种方法，广泛应用于运动检测、图像匹配、目标识别等多个视觉应用领域。

角点在不同的应用领域有很多不同的表述方式，比如图像中梯度变化明显的点、图像边界上曲率很高或变化明显的点、图像边界方向上变化不连续的点等。通常来说，角点的局部邻域是指具有两个不同区域的不同方向的边界。在机器视觉应用中，大多数角点检测方法所检测的是拥有特定特征的点，而不仅仅是"角点"[24]。这些特征点在图像中有具体的坐标，并具有一些数学特征，如局部极大极小灰度、梯度特征等。

6.1.1 兴趣点与角点

在机器视觉中，兴趣点是指能够很快吸引人的主观注意力的地方，也叫作特征点和关键点。在整幅图像里面，兴趣点传递了大量的信息，甚至是人用来判断和评价整幅图像的基础。兴趣点是图像在二维空间上发生变化的区域，通常情况下包括拐点、交点和纹理显著变化的区域，如图6-1所示。

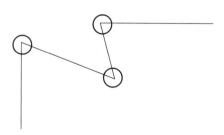

图6-1 兴趣点示意图

由于兴趣点特征的表达比较可靠，不受图像尺寸、旋转、亮度等因素的影响，使用兴趣点可以有效地表达兴趣点周边的区域特征，而不用关心整幅图像的复杂场景。兴趣点特征在图像拼接、目标跟踪和识别、图像检索等领域有很大的应用价值。

角点是一个很特别的兴趣点，该点在任意方向上的一个微小变动都会引起很大的灰度变化，如图 6-2 所示。

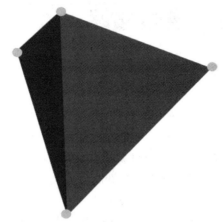

图 6-2　角点示意图

关于角点的具体描述可以有以下几种[24]：

（1）一阶导数（即灰度的梯度）的局部最大值所对应的像素点；

（2）两条及两条以上边缘的交点；

（3）图像中梯度值和梯度方向变化速率都很高的点；

（4）一阶导数最大、二阶导数为零的像素点。

6.1.2　角点检测算法

目前的角点检测算法可归纳为三类：基于灰度图像的角点检测、基于二值图像的角点检测、基于轮廓曲线的角点检测。

1. 基于灰度图像的角点检测

基于灰度图的角点检测又分以下三种：

（1）基于模板。基于模板的方法主要考虑像素邻域点的灰度变化，即图像亮度的变化，将与邻点亮度对比足够大的点定义为角点。

（2）基于梯度。基于梯度的方法是通过计算边缘的曲率来判断角点的存在性，角点计算数值的大小不仅与边缘强度有关，而且与边缘方向的变化率有关。该方法比基于模板的角点检测方法对噪声更为敏感。

（3）基于模板梯度组合。基于模板梯度组合的方法是一种综合了模板角点检测和灰度曲率角点检测的方法。因为涉及曲率计算，也有人将该方法归到边缘曲线的角点检测。

2. 基于二值图像的角点检测

基于二值图像的检测方法是将原始图像看作一个多边形，则多边形的角点一定在骨架的延长线上，且角点所对应的骨架点的最大圆盘半径应该趋于 0，检测骨架中的最大圆盘为 0 的点，即为角点。因为在二值图像处理阶段，计算量并不是很大，所以保证了计算的实时性。尽管将二值图像作为一个单独的检测目标列出来，但是基于灰度图像的各种处理方法对此仍然有效。二值图像处于灰度和边缘轮廓图像的中间步骤，所以专门针对此类图像的角点检测方法并不多见，如图 6-3 所示为一组角点检测模板[25]。

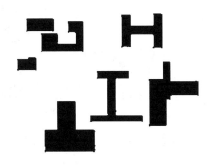

图 6-3　一组角点检测模板

3. 基于轮廓曲线的角点检测

基于轮廓曲线的角点检测是根据图像的几何特征检测提取目标轮廓点的检测方法。一般有以下几种方法[25]：

（1）计算角点强度。角点强度就是角点所在位置的曲线弯曲度，它可以较为准确地反映边界曲线的平滑和弯曲程度。

（2）计算曲线曲率的极值。对于曲线曲率的计算有两种方法，一种是直接对离散的曲线进行计算，另一种是用某类函数对原始曲线分段拟合，然后根据拟合后的曲线分段方程，计算曲线曲率极值得到角点的位置。曲线分段拟合的有关内容会在 6.5 节圆定位部分做详细介绍。

（3）多尺度角点检测。在曲线尺度空间中，随着曲线尺度由小变大，一直保持较高弯曲度的点必定是所要取的角点。

6.1.3　Harris 角点检测

基于模板的角点检测方法较为常用，Harris 算法是一种基于模板的角点检测算法。Harris 适用于角点数较多且光源复杂的情况。Harris 算法的实现公式中有平滑部分，具有较强的鲁棒性，对噪声也不太敏感。除了对单幅图像能进行角点检测以外，Harris 算法对图像序列的角点检测效果也很好[25]。

Harris 特征角最早在论文 *A Combined Corner and Edge Detector* 中被 Chris Harris 和 Mike Stephens 提出。Harris 角点检测的基本算法思想是：使用一个固定窗口在图像上进行任意方向上的滑动，比较滑动前与滑动后窗口中像素灰度的变化程度；如果任意方向上的滑动都有着较大的灰度变化，那么我们可以认为该窗口中存在角点，如图 6-4 所示。

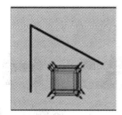 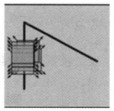 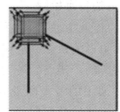

(a) 平坦区域：任意方向   (b) 边缘：沿着边缘方向   (c) 角点：沿着任意方向
移动，无灰度变化   移动，无灰度变化   移动，都有明显的灰度变化

图 6-4   由灰度变化确定区域特征

  Harris 角点检测是通过对窗口内的每个像素的 x 方向上的梯度与 y 方向上的梯度进行统计分析。这里以 I_x 和 I_y 为坐标轴，因此每个像素的梯度坐标可以表示成 (I_x, I_y)。针对平坦区域、边缘区域以及角点区域三种情形进行分析，x、y 方向上的梯度分布如图 6-5 所示。

  (1) 平坦区域上的每个像素点所对应的 (I_x, I_y) 坐标分布在原点附近，针对平坦区域的像素点，它们的梯度方向虽然各异，但是其幅值都不是很大，所以均聚集在原点附近。

  (2) 边缘区域有一坐标轴分布较散，至于是哪一个坐标上的数据分布较散不能一概而论，这要视边缘在图像上的具体位置而定。如果边缘是水平或者垂直方向，那么 I_y 轴方向或者 I_x 方向上的数据分布就比较散。

  (3) 角点区域的 x、y 方向上的梯度分布都比较散。

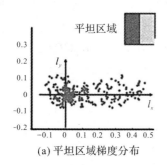 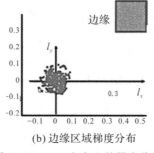 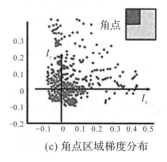

(a) 平坦区域梯度分布   (b) 边缘区域梯度分布   (c) 角点区域梯度分布

图 6-5 x、y 方向上的梯度分布

  Harris 角点检测通过 **M** 矩阵来判断哪些区域存在角点。**M** 矩阵的公式如下：

$$\boldsymbol{M} = \sum_{(x,y) \in w} \begin{bmatrix} I_x^2 & I_x I_y \\ I_x I_y & I_y^2 \end{bmatrix} \tag{6.1}$$

其中，I_x、I_y 分别为窗口内像素点 (x, y) 在 x 方向上和 y 方向上的梯度值。

  在计算出 **M** 矩阵后，存在以下几种情况，可判断区域是否存在角点：

  (1) 如果两个字段 (I_x, I_y) 所对应的特征值都比较大，说明像素点的梯度分布比较散，梯度变化程度比较大，符合角点在窗口区域的特点。

（2）如果是平坦区域，那么像素点的梯度所构成的点集会集中在原点附近，因为窗口区域内的像素点的梯度幅值非常小，此时矩阵 M 的对角化的两个特征值比较小。

（3）如果是边缘区域，则在计算像素点的 x、y 方向上的梯度时，边缘上的像素点的某个方向的梯度幅值变化比较明显，另一个方向上的梯度幅值变化较小，其余部分的点都集中在原点附近。这样 M 对角化后的两个特征值理论上应该是一个比较大，一个比较小。当然对于边缘这种情况，可能是呈 45°的边缘，致使计算出的特征值并不是都特别大。总之这种情况与含有角点的窗口的分布情况还是不同的。

在计算出 M 矩阵后，需要计算角点响应函数 R，从而进行角点判断。R 取决于 M 的特征值。对于角点，$|R|$ 很大；对于平坦的区域，$|R|$ 很小；对于边缘，R 为负值。R 可根据下面的公式计算得到：

$$R = \det(M) - k\,(\mathrm{trace}(M))^2 \qquad (6.2)$$
$$\det(M) = \lambda_1\,\lambda_2 \qquad (6.3)$$
$$\mathrm{trace}(M) = \lambda_1 + \lambda_2 \qquad (6.4)$$

其中，k 是常量，一般取值为 $0.04 \sim 0.06$，该参数的作用是调节函数的形状。一个好的角点沿着任意方向移动都会引起图像明显的灰度变化。在求出角点响应函数 R 后，对 R 进行阈值处理，提取 R 的局部最大值，即为角点。在该计算过程中，还需要进行一些后续处理操作，比如角点的极大值抑制，即在一个窗口内，如果有很多角点，则用值最大的那个角点，其他的角点都删除。

6.2 边缘提取

物体的边缘是图像局部变化的重要特征，它以不连续性的形式出现。通常用方向和幅度描述图像的边缘特性。一般来讲，沿边缘走向的像素变换平缓，而垂直于边缘走向的像素变化剧烈。基于边缘检测的基本思想是：先检测图像中的边缘点，再按一定策略连接成轮廓，从而构成边缘图像。

边缘检测的实质是采用某种算法来提取出图像中对象与背景间的交界线。边缘可定义为图像中灰度发生急剧变化的区域边界。图像灰度的变化情况可以用图像灰度分布的梯度来反映，因此可以用局部图像微分技术来获得边缘检测算子。经典的边缘提取算法是对原始图像中像素的某小邻域来构造边缘检测算子，其流程如图 6-6 所示。

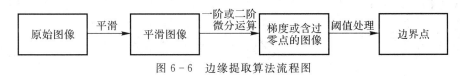

图 6-6　边缘提取算法流程图

图 6-6 中，首先通过平滑来滤除图像中的噪声；然后进行一阶微分或二阶微分运算，求得梯度最大值或二阶导数的过零点；最后选取适当的阈值来提取边界。边缘的检测可以借助空域微分算子(实际上是微分算子的差分近似)，利用卷积来实现。常用的微分算子有梯度算子和拉普拉斯算子等，这些算子不但可以检测图像的二维边缘，还可以检测图像序列的三维边缘。

6.2.1 一阶边缘检测算子

一阶导数边缘检测方法中，梯度对应于一阶导数，相应地梯度算子就对应于一阶导数算子。对于一个连续函数 $f(x,y)$，其在 (x,y) 处的梯度定义如下：

$$\nabla f(x,y) = \begin{bmatrix} \dfrac{\partial f}{\partial x} & \dfrac{\partial f}{\partial y} \end{bmatrix}^{\mathrm{T}} = \begin{bmatrix} G_x & G_y \end{bmatrix}^{\mathrm{T}} \tag{6.5}$$

梯度是一个矢量，其幅值和相位分别为

$$|\nabla f| = \sqrt{G_x^2 + G_y^2} \tag{6.6}$$

$$\phi(x,y) = \arctan\left(\frac{G_y}{G_x}\right) \tag{6.7}$$

式(6.5)~式(6.7)中的偏导数需要对每一个像素位置进行计算。在实际应用中，常常采用小模板利用卷积运算来近似计算，G_x 和 G_y 各自使用一个模板，所以需要两个模板组合起来以构成一个梯度算子。研究人员已经提出了许多不同大小、不同系数的模板，其中最常用的一阶导数算子有罗伯特交叉(Robert)算子、索贝尔(Sobel)算子和普瑞维特(Prewitt)算子[16]。

1. Robert 算子

Robert 算子是一种利用局部差分寻找边缘的算子。Robert 算子采用的是对角方向相邻两像素之差。Robert 算子的模板如下：

$$\begin{bmatrix} -1 & 0 \\ 0 & 1 \end{bmatrix} \begin{bmatrix} 0 & -1 \\ 1 & 0 \end{bmatrix} \tag{6.8}$$

Robert 算子采用对角线方向相邻像素之差近似检测边缘，定位精度高，在水平和垂直方向效果较好，但对噪声敏感。

2. Sobel 算子

Robert 算子的一个主要不足是计算方向差时对噪声敏感。Sobel 提出了一种将方向差运算与局部平均相结合的方法，即 Sobel 算子。该算子在以 (x,y) 为中心的 3×3 邻域上计算 x 和 y 方向的偏导数：

$$\begin{bmatrix} -1 & 0 & 1 \\ -2 & 0 & 2 \\ -1 & 0 & 1 \end{bmatrix} \begin{bmatrix} 1 & 2 & 1 \\ 0 & 0 & 0 \\ -1 & -2 & -1 \end{bmatrix} \tag{6.9}$$

Sobel 算子不但能产生较好的边缘检测效果，而且因为 Sobel 算子引入了局部平均，因此其受噪声的影响较小。当使用较大的邻域时，抗噪声特性会更好，但这样做会增加计算量，并且得到的边缘也较粗。Sobel 算子利用像素点上下、左右相邻点的灰度加权算法，根据在边缘点处达到极值现象进行边缘的检测。Sobel 算子对噪声具有平滑作用，可提供较为精确的边缘方向信息。但是，由于局部平均的影响，它同时也会检测出许多伪边缘，且边缘定位精度不够。当对精度要求不是很高时，Sobel 算子是一种较为常用的边缘检测方法。

3．Prewitt 算子

Prewitt 算子的思路与 Sobel 算子的思路类似，是在一个奇数大小的模板中定义其微分运算的：

$$\begin{bmatrix} -1 & 0 & 1 \\ -1 & 0 & 1 \\ -1 & 0 & 1 \end{bmatrix} \begin{bmatrix} 1 & 1 & 1 \\ 0 & 0 & 0 \\ -1 & -1 & -1 \end{bmatrix} \tag{6.10}$$

Prewitt 算子的梯度的计算方法与 Sobel 算子的相同。Prewitt 算子对噪声有一定的抑制作用，抑制噪声的原理是通过像素平均。图 6 - 7 所示分别给出了利用这三个算子进行边缘检测的不同效果。从图 6 - 7 中可以看出，在这三种模板中，Sobel 算子的检测效果最好。

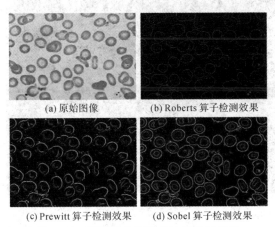

(a) 原始图像　　　　(b) Roberts 算子检测效果

(c) Prewitt 算子检测效果　　(d) Sobel 算子检测效果

图 6 - 7　不同微分算子的边缘检测效果

6.2.2　二阶边缘检测算子

拉普拉斯(Laplace)算子是一种二阶微分算子。一阶微分算子的计算结果是一个向量，不但有大小，还有方向。Laplace 算子是一种不依赖于边缘方向的二阶微分算子，它的计算结果是标量，而不是向量，而且具有旋转不变性，即各向同性的性质，在图像处理中经常被用来提取图像的边缘。对一个连续函数 $f(x,y)$，其在 (x,y) 处的拉普拉斯算子定义如下：

$$\nabla^2 f = \frac{\partial^2 f}{\partial x^2} + \frac{\partial^2 f}{\partial y^2} \tag{6.11}$$

在图像处理过程中，函数的拉普拉斯算子也是借助模板来实现的。这里对模板有基本要求：模板中心的系数为正，其余相邻系数为负，所有系数的和应该为零。常用的两种模板如下：

$$\begin{bmatrix} 0 & -1 & 0 \\ -1 & 4 & -1 \\ 0 & -1 & 0 \end{bmatrix} \tag{6.12}$$

$$\begin{bmatrix} -1 & -1 & -1 \\ -1 & 8 & -1 \\ -1 & -1 & -1 \end{bmatrix} \tag{6.13}$$

图 6-8 所示给出了对图 6-7(a)利用 3×3 的拉普拉斯算子进行边缘检测的效果。从图 6-8 中可以看出，拉普拉斯算子边缘检测方法常常产生双像素边界。另外，该检测方法还对噪声比较敏感，而且不能提供边缘方向信息。一般很少直接使用拉普拉斯算子进行边缘检测，而用它来判断边缘像素位于图像的明区还是暗区。

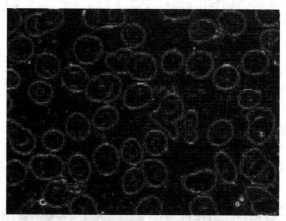

图 6-8　Laplace 算子的边缘检测效果

6.2.3　Canny 算子

Canny 算子是 John F. Canny 于 1986 年提出的边缘检测算法，之后便成为边缘检测中较为常用的算法。该算法的主要目标有以下三点：

(1) 低错误率。该算法能够找到图像的所有边缘点，算法误检和漏检的概率都尽可能小。

(2) 最优定位。图像实际边缘点与算法检测到的边缘点间的距离要尽可能小。

(3) 点点对应。图像实际边缘点与算法检测出的边缘点要做到相互对应。

Canny 算子的基本实现步骤如下：

(1) 用高斯滤波器平滑处理待检测图像，消除噪声。

（2）用 Sobel 算子计算图像 x 和 y 方向的一阶导数。

（3）对梯度图像利用非极大值抑制的方法，排除非边缘像素点。

（4）对经上一步处理后的梯度图像采取高低阈值处理，去除细小、琐碎边缘。

上述步骤中，非极大值抑制指的是比较梯度图像边缘点的梯度值与正、逆方向上相邻点的梯度值，若大于这两点的梯度值，则保留该边缘点，否则去除。高低阈值处理指设定合适的高低阈值，Canny 算子建议比率应为 3∶1 或 2∶1，然后用高低阈值与梯度图像的每一个边缘点的梯度值进行比较，只保留梯度值在高低阈值之间的边缘点。

图 6-9 给出了对图 6-7(a)利用 3×3 大小的 Canny 算子进行边缘检测的效果。从图 6-9 中可以看出，Canny 算子的检测效果比 Laplace 算子的更好，边缘轮廓更加清晰。Canny 算子也是图像处理领域中最为常用的算法之一。

图 6-9　Canny 算子的边缘检测效果

6.2.4　边缘连接方法

显然，利用微分算子对图像进行检测所得的边界常常会发生断裂现象。将边缘连接的方法主要有邻域端点搜索、启发式搜索、曲线拟合和 Hough 变换[19]。

1. 邻域端点搜索

邻域端点搜索主要是针对间隙较小的边界裂缝，通过搜索以断裂边界点为中心的 5×5 邻域找到其他边界端点，并填充必要的边界像素，从而将边界连接起来。这种方法对于图像边缘点较多的复杂图像会产生过度分割现象，因而使用该连接时还需额外规定两个端点只有在边缘强度和方向都相近的情况下才能进行连接[19]。

2. 启发式搜索

启发式搜索是指：首先建立一个可以在任意两端点 A 和 B 的连接路径上进行计算的函

数，该函数是该边界上各边缘点减去方向偏差分量后的强度平均值；然后利用该计算函数对 A 的各个邻域点进行评价，确定哪一个像素可以作为走向 B 点的候选连接点，通常仅仅考虑那些位于朝向 B 方向上的像素点；最后在候选点中选择一个能够使 A 点到该点的边缘计算函数取值最大的点作为连接点，并作为下一次迭代过程的起点；如此迭代下去，直到最后连接到 B 点为止。当最终连接到 B 点时，还要将边界计算函数的取值与阈值比较，满足阈值条件的迭代结果才能够真正作为边界，否则将被抛弃。这种搜索方法对那些只有一个缺口、而又不能用一条直线连接断点的边界裂缝非常有效；但是对那些缺口较多、函数计算过程较困难的图像来说过于复杂[19]。

3. 曲线拟合

如果图像的边界点分布非常稀疏，那么可以使用分段线性或高阶样条曲线来拟合这些边缘点，从而形成一条适用边界[19]。

4. Hough 变换

Hough 变换是利用图像的全局特征将边缘像素连接起来形成封闭边界的一种连接方法。假设需要从给定图像的 n 个点中确定哪些点位于同一条直线上，那么可以将其看成根据已知直线上的若干点来检测直线的问题。解决这一问题的一个直接方法就是先确定所有由任意两点决定的直线，然后从中找出接近具体直线的点集，这样做大约需要进行 $n^2 + n^3$ 运算才能完成，实际中是很难满足这样大的计算量要求的。利用 Hough 变换就可以用较少的计算量来解决这一问题。Hough 变换利用了点与直线的对偶性。基于 Hough 变换的直线检测在 6.4.1 节有详细介绍。

Hough 变换的主要优点是受噪声和曲线间断的影响较小。利用 Hough 变换除了可以进行边界连接之外，还可以直接检测某些已知形状的目标。

6.3 特征定位

特征定位就是对经过预处理的图像进行特征提取，之后对提取的特征进行特征匹配，在一幅或多幅图像之间找到目标图像在待测图像中的位置，从而实现对检测目标的定位。特征定位的一般流程为采集图像、图像预处理、特征提取、特征匹配及定位，如图 6-10 所示。

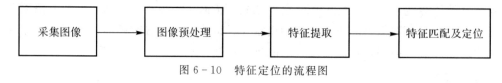

图 6-10　特征定位的流程图

通常，机器视觉系统中所说的特征定位就是使用轮廓特征匹配来实现目标定位。轮廓特征定位是最常用的特征定位方法,它根据目标模板图像与待测图像搜索区域内的轮廓特征之间的相似度来定位目标所在的位置。目前轮廓特征定位技术已经发展得非常成熟,在机器视觉系统中也很常用。本节将首先介绍图像特征的基本概念,之后重点介绍轮廓特征定位技术。

6.3.1 图像特征

图像特征是指图像的原始特性或属性。在目标分类和识别过程中,首先根据被研究对象产生出一组基本特征,这是可以计算出来的,也是可以用仪表或传感器测量出来的,这样产生的特征叫作原始特征。原始特征的数量可能很大,或者说样本处于一个高维空间中,这会给分类器带来沉重的计算负担。人们时常会陷入一个误区——获取的特征越多分类效果就会越好。而 Satosi Watanabe 的丑小鸭定理(Ugly Duck Ling Theorem)说明特征形成的过程需慎重,因为加入了充分多冗余特征,可以使得任意两个模式相似。因此,我们希望选择或提取的特征应具有以下特点:

(1)简约性。在用很少的特征标识目标的条件下,保持信息的完整(或信息丢失可以控制)。

(2)可分性。来自同一类的不同模式的特征非常接近,而不同类的模式的特征相距甚远。

(3)可靠性。提取的特征具有鲁棒性,即对噪声或其他干扰不敏感。

具有以上特点的特征使分类器的设计变得简单,从而使分类器运行得更快和更加可靠。获取特征的方法有两种:特征选择和特征提取。它们的根本任务就是从许多特征中找出最有效的特征。这里的有效指的是能够区分不同的类别。从一组特征中挑选出一些最有效的特征,以达到降低特征空间维数的目的,这个过程叫作特征选择。通过映射(或变换)的方法可以用低维空间来表示图像,映射后的特征称为二次特征,它们是原始特征的某种变换(通常是线性变换或是非线性变换),可得出数目比原来少的综合性特征。对原始特征进行变换得到这些有利于分类、更本质、数量更少的新特征的过程称为特征提取。经特征选择后的特征保持了它们原始的物理意义,而经特征提取产生的新特征(如原始特征的线性或非线性映射)则缺乏认知学上的意义。目前,用这些经过特征选择或特征提取获得的特征代替原始输入特征进行目标分类和识别。

一般来说,图像特征的分类有很多种,如按提取的区域大小可以分为图像的局部特征以及全局特征,按特征在图像上的表现形式分为点特征、线特征和面特征(区域特征)。通常将用于目标图像识别的特征归纳为如下四种:

(1)图像的视觉特征。例如,图像的边缘、轮廓、形状、纹理和区域等均为图像的视觉特征,它们的物理意义明确,提取容易。

(2)图像的统计特征。例如,灰度直方图特征、矩特征均为图像的统计特征。其中,矩特征包括均值、方差、峰度及熵特征等。其中,熵特征的应用十分广泛。

（3）变换系数特征。对图像进行各种数学变换，如傅里叶变换、离散余弦变换、小波变换等，变换后的系数可作为图像的一种特征。

（4）代数特征。代数特征反映的是图像的某种属性。由于图像可以表示为矩阵形式，因此可以对其进行各种代数变换，或者做各种矩阵分解。众所周知的 $K - L$ 变换，实际上就是以协方差矩阵的本征向量为空间基的一种代数特征抽取。研究表明，矩阵的奇异值分解也是一种代数特征，因此也可作为图像特征。

从映射角度考虑，将能够通过线性映射得到的特征称为线性特征，将能够经过非线性映射得到的特征称为非线性特征，对应的映射称为线性特征提取方法和非线性特征提取方法。

6.3.2 轮廓特征定位

轮廓特征匹配就是根据所提取的轮廓特征信息，通过一定的相似性度量来衡量模板图像与待测图像的搜索区域之间的匹配相似度，设定一定的阈值来筛选可能存在的目标区域，再根据一些搜索策略定位到目标位置。轮廓特征相比于角点、线条、统计量等特征，对检测目标平移、旋转、缩放等变换具有良好的鲁棒性。

轮廓特征提取采用的是边缘检测方法，但是由于定位任务中的目标可能存在旋转问题，因此在提取目标的模板图像的轮廓特征之前，需要对模板图像进行 $0 \sim 360°$ 的旋转处理，之后对多角度的模板图像进行轮廓特征提取。一般用来度量特征向量间相似度的方法有绝对差、平方绝对差、平方差、平均平方差、积相关、归一化积相关等。常用的是归一化积相关，计算式为

$$s = \frac{1}{n} \sum_{i=1}^{n} \frac{\mid \boldsymbol{m}_i^{\mathrm{T}} \boldsymbol{t}_i \mid}{\| \boldsymbol{m}_i \| \| \boldsymbol{t}_i \|} \tag{6.14}$$

其中，$\boldsymbol{m}_i$ 和 $\boldsymbol{t}_i$ 分别是模板图像与待匹配图像的第 i 个轮廓点的方向向量；n 为轮廓点的个数；s 为归一化积相关度量图像匹配的相似度结果，取值范围为 $0 \sim 1$，$s = 1$ 表示模板图像与待匹配图像完全匹配。根据匹配的相似度可找到待测图像中目标的位置，从而达到通过轮廓特征对目标的定位。

轮廓匹配及定位需要通过移动搜索框在待测图像上搜索目标，这是一个比较耗时的过程。可以通过调节搜索框的移动步长来减少时间，但是往往步长难以控制，步长太大会影响匹配的准确度甚至出现误检的情况，步长太短又难以起到缩短匹配时间的目的。针对该问题，可在匹配过程中引入高斯金字塔模型，通过分层搜索来优化匹配时间[26]。

图像金字塔一般分为高斯金字塔和拉普拉斯金字塔，两者互为逆操作。高斯金字塔用于向下采集尺寸更小、分辨率更低的图像。拉普拉斯金字塔则用于向上采样并重建一个图像，对图像进行最大程度上的还原。轮廓特征定位使用的是高斯金字塔向下采样图像，由最高层轮廓点个数是否小于某一特定值来决定是否停止采样，从而确定金字塔的层数。高斯金字塔模型如图 6 - 11 所示。

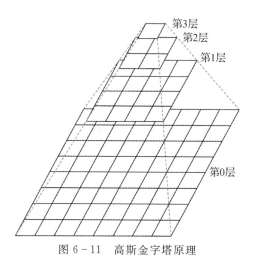

图 6-11 高斯金字塔原理

高斯金字塔的分层搜索策略分为以下几个步骤：

（1）通过高斯卷积核进行图像采样，用来构建每一层的金字塔图像。

（2）在图像金字塔的最高层对目标进行识别，并记录下其高层匹配位置。

（3）将高层的匹配位置和旋转角度映射到比其低一层的图像，并在一定的邻域范围内继续进行匹配，依次迭代。

（4）直到映射到最底层的图像（一般为原始图像），记录匹配位置及旋转角度，该位置即为图像的最佳匹配位置和最佳旋转角度[26]。

6.4　直线定位

直线定位就是通过在局部搜索区域内进行边缘检测，来提取边缘点并拟合成直线段。首先通过模板图像中直线段的位置关系提取关键信息，接着通过直线检测提取的信息在待测图像中进行有关直线的信息匹配来进行目标定位。因此，在直线定位技术中直线的提取和直线间的位置判断尤为关键。

6.4.1　直线提取

直线提取在工业测控系统中应用很广泛。例如，对于一些线状的划痕，往往可以近似看成直线，在这种情况下，可以采用检测直线的方法来检测划痕；又如，工业仪表的指针类似线状，也可以通过直线提取的方法进行检测。常用的直线提取方法主要有 Hough 变换等方法。

1. Hough 变换原理

Hough 变换利用图像全局特性将边缘像素连接起来，组成区域封闭边界，从而求得边界曲线方程。在预先知道区域形状的条件下，利用 Hough 变换可以方便地得到边界曲线。Hough 变换的主要优点是受噪声和曲线间断的影响比较小。

Hough 变换可以用于寻找某一范围内目标点数最多的直线，它的基本思想是点-线的对偶性。在图像空间 x-y 里，设所有过点 (x,y) 的直线都满足方程：

$$y = px + q \tag{6.15}$$

其中，p 为直线的斜率，q 为直线的截距。上式也可以写成

$$q = -px + y \tag{6.16}$$

此式表示参数空间 P-Q 中过点 (p,q) 的一条直线。图像空间到参数空间之间的转换可以如图 6-12 所示。

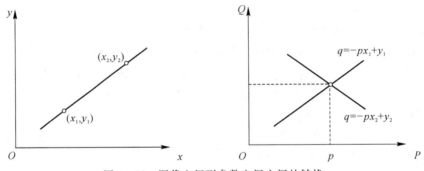

图 6-12　图像空间到参数空间之间的转换

由图 6-12 可知，图像空间中共线的点对应在参数空间中相交的线；反过来，在参数空间中相交于一点的所有直线在图像空间里都有共线的点与之对应，这就是点-线对偶性。根据点-线对偶性，给定图像空间里的一些边缘点，就可以通过 Hough 变换确定连接这些点的直线方程。

在实际使用 Hough 变换时，要在上述基本方法的基础上根据图像具体情况采取一些方法以提高精度和速度，实际常用的是极坐标直线方程。图像平面上的一个点就对应到参数平面上的一条正弦曲线。

在 $y = mx + b$ 中，(x,y) 是直线 L 上任一点的坐标。同样，直角坐标系中的每一个点 (x,y) 对应参数空间 (ρ, θ) 中的一条直线，其中，ρ 是原点到直线 L 在参数空间 (ρ, θ) 中的距离，θ 是 x 轴与直线 L 的法线间的夹角，此直线还可以表示为

$$\rho = x\cos\theta + y\sin\theta \tag{6.17}$$

式中，$\theta \in [0, 180°]$，$\rho \in [-R, R]$，R 是原点到直线 L 距离的最大可能值。图 6-13 为直线的 Hough 变换示意图。

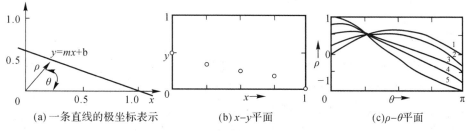

(a) 一条直线的极坐标表示　　　(b) x-y 平面　　　(c) ρ-θ平面

图 6-13　直线的 Hough 变换

2. 直线提取

在计算过程中需要在参数空间(ρ,θ)里建立二维累积数组，设该数组为 $A(\rho,\theta)$，如图 6-14 所示。其中$[\rho_{\min},\rho_{\max}]$和$[\theta_{\min},\theta_{\max}]$分别为 ρ、θ 的范围，即预期的斜率和截距的取值范围。开始时，置数组 A 为零，然后对每一个图像空间中的给定点遍历$[\theta_{\min},\theta_{\max}]$区间上所有可能的值，依据直线公式计算 ρ，再根据 ρ 和 θ 的值（设都已经取整）对 A 进行累加，计算公式如下：

$$A(\rho,\theta) = A(\rho,\theta) + 1 \qquad (6.18)$$

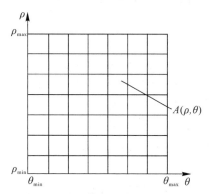

图 6-14　图像空间中的给定点 A

对图像遍历后，$A(\rho,\theta)$ 的值就是在点(ρ,θ)处共线点的个数。同时(ρ,θ)值也给出了直线方程的参数，这样就可以得到点所在的线。

除检测线状的物体之外，可以将 Hough 变换推广到包含圆弧线段的检测。圆的公式为 $(x-a)^2+(y-b)^2=r^2$，对于圆的 Hough 变换，其参数空间是一个三维空间(a,b,c)，计算时需要在参数空间中建立一个三维的累积数组 $A(a,b,c)$，依次变化参数 a 和 b，根据上式计算出 r，并对累积数组 $A(a,b,c)$ 进行累加，最后从累积数组中可得到共圆的点数。从这里可以看出，Hough 变换检测圆和直线的原理都相同，只是复杂程度逐步增加，搜索空间从二维扩展到三维。由于计算量大，所以常使用改进型的 Hough 变换来检测圆，比如随机

Hough 变换、圆梯度对称 Hough 变换等。

6.4.2　直线的位置关系

　　想要通过直线定位在图像中检测出若干直线段，仅凭获取的上述信息是远远不够的，因此需要在这些直线段的位置信息上获取更多有价值的信息。常用的关键信息就是直线段之间的位置关系和距离，有关距离测量的内容将在第 7 章进行统一说明。两直线的位置关系一般有共线、平行、垂直以及相交。判断直线之间的位置关系一般使用的方法是计算两直线之间的夹角，夹角范围为 0°～180°，如图 6-15 所示。

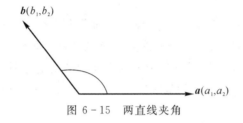

图 6-15　两直线夹角

　　假设图中 a、b 向量分别为两直线的方向向量，夹角为 α，根据向量积公式可得，两直线的位置关系如下：

　　（1）平行：两直线夹角为 0°或 180°，且无交点。

　　（2）共线：两直线夹角为 0°或 180°，且有无数个交点。

　　（3）相交：两直线夹角不等于 0°、90°、180°，仅有一个交点。

　　（4）垂直：两直线夹角等于 90°，仅有一个交点。

6.5　圆　定　位

　　圆定位就是在局部搜索区域内进行边缘检测，提取边缘点，进行圆弧提取，获取圆弧的关键信息，实现圆定位。其中，圆弧提取是圆定位技术中的关键步骤。除此之外，在获得圆的信息后，有时还需要通过模板图像中圆的位置关系来提取其他相关信息，此时可以在待测图像中进行有关圆的位置关系信息匹配来进行目标定位。因此，在圆定位技术中，圆弧的提取和圆之间的位置判断尤为关键。

6.5.1　圆弧提取

　　目前主要的圆弧检测方法有两种，一种是沿边缘搜索圆弧，一种是全图搜索圆弧（圆弧 Hough 变换等）。Hough 变换不仅能够拟合直线，还能拟合圆弧，进而检测到圆。Hough 变换的实质就是将图像空间中具有的一定特征的像素进行聚类，寻找一个参数空间中能够与这些像素点对应起来的解析式。圆检测的参数空间维度较小，因此，使用 Hough 变换检测圆有着良好的检测效果。圆检测中 Hough 变换的原理与本章 6.4 节中直线检测的 Hough 变换原理大致相同。

本节主要介绍沿边缘搜索的方法，该方法具有运算量小、检测速度快、可以同时检测出起始角度和终止角度等优点。沿边缘搜索方法首先将边缘图像存储成链表格式，也就是边缘像素链；然后沿边缘搜索，将边缘分为若干小的直线段；最后采用圆最小二乘拟合来判断其中的若干个小直线段是否共圆。圆弧检测的原理示意图如图 6-16 所示。

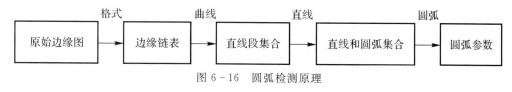

图 6-16 圆弧检测原理

1. 曲线分段

曲线的线段化可以采用循环判断的方法来实现，即每次增加一个点 $(x_{\mathrm{end}}, y_{\mathrm{end}})$，而 $(x_{\mathrm{start}}, y_{\mathrm{start}})$ 为上一次增加的最后一个点，然后用式(6.19)和式(6.20)计算直线 $ax+by=1$ 的参数。

$$a = \frac{y_{\mathrm{end}} - y_{\mathrm{start}}}{x_{\mathrm{start}}\, y_{\mathrm{end}} - x_{\mathrm{end}}\, y_{\mathrm{start}}} \tag{6.19}$$

$$b = \frac{x_{\mathrm{end}} - x_{\mathrm{start}}}{x_{\mathrm{start}}\, y_{\mathrm{end}} - x_{\mathrm{end}}\, y_{\mathrm{start}}} \tag{6.20}$$

之后用式(6.21)判断增加的点是否在直线上。

$$f_i = \begin{cases} 0, & \dfrac{|a x_i + b y_i - 1|}{\sqrt{a^2 + b^2}} > \varepsilon \\[3mm] 1, & \dfrac{|a x_i + b y_i - 1|}{\sqrt{a^2 + b^2}} \leqslant \varepsilon \end{cases} \tag{6.21}$$

其中，(x_i, y_i) 是直线的点；ε 为一预先设置的正数，一般取 1。若不满足要求则将 start 到 end－1 之间的点定义为一条直线段，然后从第 end 个点继续分段。

2. 最小二乘圆弧拟合

给定一组测量数据 $\{(x_i, y_i), i = 0, 1, 2, \cdots, m\}$，基于最小二乘原理求得变量 x 和 y 之间的函数关系 $f'(x)$，使它最佳地逼近或拟合已知数据。$f(x, A)$ 称为拟合模型，$A(a_0, a_1, \cdots, a_n)$ 是一些待定参数，具体做法是选择参数 A 使得拟合模型与实际观测值在各点的残差 $e_k = y_k - f(x_k, A)$ 的加权平方和最小，根据式(6.22)求解 $f'(x)$ 即可得到拟合模型：

$$\sum_{i=0}^{m} \omega(x_i)\,(f'(x_i) - y_i)^2 = \min \sum_{i=0}^{m} \omega(x_i)\,(f(x_i, A) - y_i)^2 \tag{6.22}$$

其中，$\omega(x_i)$ 称为权，它反映数据 (x_i, y_i) 在实验中所占数据的比重。应用此法拟合的曲线称为最小二乘拟合曲线。用最小二乘法求拟合曲线首先要确定拟合模型 $f(x)$。一般来说，根据各学科的知识可以大致确定函数的所属类。若不具备这些知识，则通常从物体的运动规律及给定数据的散点图来确定拟合曲线的形式。根据式(6.22)可以推导出圆弧的最小二乘拟合公式为

$$X_C = \frac{1}{2} \cdot \frac{\left(Q - \dfrac{T^2}{N}\right)\left[W + V - \dfrac{S(P+Q)}{N}\right] - \left(H - \dfrac{ST}{N}\right)\left[Z + U - \dfrac{T(P+Q)}{N}\right]}{\left(P - \dfrac{S^2}{N}\right)\left(Q - \dfrac{T^2}{N}\right) - \left(H - \dfrac{ST}{N}\right)^2}$$

(6.23)

$$Y_C = \frac{1}{2} \cdot \frac{\left(P^2 - \dfrac{S^2}{N}\right)\left[Z + U - \dfrac{T(P+Q)}{N}\right] - \left(H - \dfrac{ST}{N}\right)\left[W + V - \dfrac{S(P+Q)}{N}\right]}{\left(P - \dfrac{S^2}{N}\right)\left(Q - \dfrac{T^2}{N}\right) - \left(H - \dfrac{ST}{N}\right)^2}$$

(6.24)

$$R_C = \sqrt{X_C^2 + Y_C^2 - \frac{2SX_C}{N} - \frac{2TY_C}{N} + \frac{P+Q}{N}}$$

(6.25)

其中，N 为点的总个数；$S = \sum_{i=1}^{N} x_i$，$T = \sum_{i=1}^{N} y_i$，$H = \sum_{i=1}^{N} x_i y_i$，$P = \sum_{i=1}^{N} x_i^2$，$Q = \sum_{i=1}^{N} y_i^2$，$U = \sum_{i=1}^{N} x_i^2 y_i$，$V = \sum_{i=1}^{N} x_i y_i^2$，$W = \sum_{i=1}^{N} x_i^3$，$Z = \sum_{i=1}^{N} y_i^3$。

3. 直线段聚合

直线段聚合就是指将若干共圆的直线聚合起来，形成直线集合和圆弧集合。直线段聚合是沿着边缘搜索，通过直线段集合不断生长以及断开来实现。首先，选择若干相邻直线段集合 $\{I_0, I_1, I_2, \cdots, I_k\}$ 中的直线的两端点作为圆拟合点。其次，经最小二乘拟合公式可以计算出其圆心坐标以及半径。最后，计算这些端点离圆心的距离，如果与半径相差太大则认为不共圆。如果这些直线段共圆则添加新的直线段形成新的直线段集合 $\{I_0, I_1, I_2, \cdots, I_k, I_{k+1}\}$，按照前面叙述继续判断。如果不共圆，则将 $\{I_0, I_1, I_2, \cdots, I_{k-1}\}$ 进行记录，创建新的直线段集合 $\{I_k, I_{k+1}\}$，按照前面叙述继续判断。为了防止边缘毛刺对聚合产生影响，实际中常采用弧线到圆心的平均距离作为判断依据。在完成聚合后采用迭代的方法去除圆弧两端的干扰点(即圆弧两端直线段中不属于圆弧的点)，进一步提高精度。

6.5.2　圆的位置关系

同直线检测一样，若要在图像中检测定位出若干圆，仅凭目前所获取的信息是远远不够的，我们还需要在这些圆的位置信息上获取更多有价值的信息，常用的关键信息就是圆之间的位置

关系和距离。有关距离测量的内容将在第 7 章进行统一说明。两个圆之间的位置关系一般有相离、相切、相交以及内含。判断两个圆的位置关系的方法很简单，就是看有没有交点，有几个交点。没有交点为相离，一个交点为相切，两个交点为相交，具体位置关系如图 6 - 17 所示。假设两圆的半径分别是 R、r，圆心分别为 O_1、O_2，圆心之间的距离为 d，相应位置关系如下：

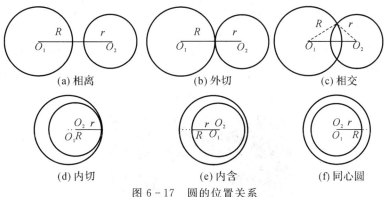

图 6 - 17　圆的位置关系

(1) 相离：两个圆之间没有公共点，且一个圆的所有点都在另一个圆的外部，表达如下：
$$d > R + r \tag{6.26}$$

(2) 外切：两个圆之间有一个公共点，除这一点外，一个圆的点都在另一个圆的外部，表达如下：
$$d = R + r \tag{6.27}$$

(3) 相交：两个圆之间有两个公共点，除这两点外，一个圆的一部分点在另一个圆的外部，另一部分点在另一个圆的内部，表达如下：
$$R - r < d < R + r \tag{6.28}$$

(4) 内切：两个圆之间有一个公共点，除这一点外，一个圆的点都在另一个圆的内部，表达如下：
$$d = R - r \tag{6.29}$$

(5) 内含：两个圆之间没有公共点，且一个圆的所有点都在另一个圆的内部，表达如下：
$$0 \leqslant d < R - r \tag{6.30}$$

(6) 同心圆：两个圆同圆心，没有公共点，且一个圆的所有点都在另一个圆的内部，表达如下：
$$O_1 = O_2, d = 0 \tag{6.31}$$

6.6　组 合 定 位

顾名思义，组合定位就是将本章介绍的特征定位、直线定位以及圆定位等多个定位技术组合在一起来实现目标定位。一般在机器视觉系统中,组合定位的概念有两种:一种是顺序组合,即面对一个定位任务,顺序执行多个定位技术,直到完成定位任务;一种是特定组合,即一个定位技术无法完成任务时,需要组合另一个定位技术在该定位技术所获取的信息之上来完成定位任务,这种方式多用于检测目标较复杂的任务中。本节主要介绍的是特定组合定位。为了能够让读者更加深刻地体会该组合定位方式,下面将介绍一种特定组合定位方法。

当我们需要检测一个工业零件某一位置的斑点时,由于斑点除其本身外相对于工业零件本身具有相对位移,因此我们可以通过圆定位技术定位到工业零件圆的所在位置,再通过灰度定位确定斑点所在位置,并计算圆心到斑点的距离。在待测图像中先根据圆检测技术定位到圆,然后根据圆与斑点的距离来检测斑点,如图 6-18 所示。

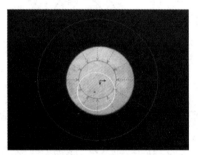

图 6-18　组合定位

本 章 小 结

图像定位技术是智能视觉应用中进行缺陷检测、测量计数、定位引导的关键,本章从图像定位的角度对角点检测、边缘提取、特征定位(轮廓匹配)、直线定位、圆定位等技术方面进行了详细的介绍,便于读者对以定位为目的的对点、线、边缘、形状等的检测与匹配算法进行系统深入的理解。

第7章　图像测量技术

7.1　距　离　测　量

在图像处理中，往往需要对点到点、点到线、点到圆、圆到圆、线到线、线到圆之间的距离进行测量。因此，距离测量大致可分为点-点距离、点-线距离、线-线距离。

7.1.1　点-点距离

计算两个像素之间的距离，它包括点到点、点到圆心、圆心到圆心的距离，通常是指计算两点的欧氏距离，如图 7-1 所示。

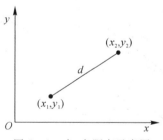

图 7-1　点-点距离示意图

欧氏距离是一种常用的度量方式是点和点之间坐标的均方根。通常情况下，人们所说的距离，指的就是欧式距离，它的定义如下：

$$d = \sqrt{(x_1 - x_2)^2 + (y_1 - y_2)^2} \tag{7.1}$$

其中，(x_1, y_1) 和 (x_2, y_2) 分别为两个点的坐标。

7.1.2　点-线距离

点到线的距离测量方法分为两种，一种是计算点到直线中点的距离，如图 7-2(a)所示，C 为直线 AB 的中点，这种测量可以通过计算点-点距离的方法求得。另一种是计算点到直线垂足之间的距离，如图 7-2(c)所示。在已知直线方程的情况下，可通过如下公式求得：

$$d = \left| \frac{A x_0 + B y_0 + C}{\sqrt{A^2 + B^2}} \right| \tag{7.2}$$

公式中的直线方程为 $Ax+By+C=0$，点的坐标为 (x_0, y_0)，如图 7 - 2(b)所示。

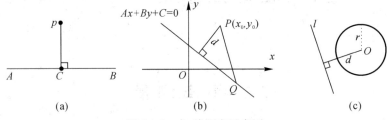

图 7 - 2   点-线距离示意图

7.1.3   线-线距离

　　求两个物体间的距离，通常是求物体的边之间的距离，多数物体的边可以表示为直线，所以在距离测量中线-线距离最为常用。线-线距离分为两种，一种是两条直线之间的距离，另一种是两条曲线之间的距离，如图 7 - 3 所示。

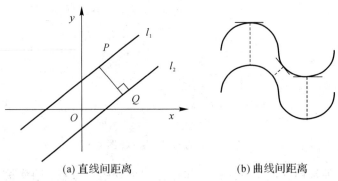

(a) 直线间距离　　　　　　(b) 曲线间距离

图 7 - 3   线-线距离示意图

　　两条直线的距离可以通过以下步骤求得：

　　(1) 首先求得各自的直线方程，如 $k_1 x + b_1$ 和 $k_2 x + b_2$。

　　(2) 在其中一条直线上任取一点 (x_1, y_1)，然后向另外一条直线做垂线，斜率为 $-1/k_1$。

　　(3) 求出垂线方程后，即可求垂线和第二条直线的交点 (x_2, y_2)。

　　(4) 根据欧式距离公式，即可求得当前点到另外一条直线的距离。

　　对于求解两条曲线之间的距离，由于曲线之间可能距离不一，通常在求解时会求得平均距离或最短中心距离，如图 7 - 3 所示，求解曲线距离的一般步骤如下：

（1）首先需要在一条直线上指定求解点。

（2）然后求得求解点到对面直线中最短距离为目标距离，利用距离变换公式求解。

（3）迭代步骤（1）和（2）可以求得平均距离或最短中心距离。

7.2 面积测量

面积测量在工业测量领域中的应用十分广泛，在机器视觉领域中有很多面积测量技术的应用。面积测量有两种重要算法，分别是基于区域标记的面积测量和基于轮廓向量的面积测量，其基本思想都是在一个连通的封闭区域进行像素点统计。在面对较复杂的场景时需要对图像进行分割，提取感兴趣区域，之后进行面积测量。面积测量是对一块封闭区域进行像素点个数统计，因此需要通过形态学处理和连通域处理来获取连通区域[1]。本节将对图像分割、形态学处理、连通域处理进行逐一介绍，最后给出像素统计方法，让读者能够从面积测量技术中了解上述图像处理技术。

7.2.1 图像分割

在对图像的处理中，人们往往仅对图像中的某些部分感兴趣。这些部分常称为目标或者前景（其他部分称为背景），它们一般对应图像中特定的、具有独特性质的区域。为了辨识和分析目标，需要将这些有关区域分离并提取出来，在此基础上才有可能对目标做进一步处理，如进行特征提取和测量。图像分割就是把图像分割成各个具有特性的区域并提取出感兴趣目标的技术和过程。这里的特征可以是灰度、颜色等，目标可以对应单个区域，也可以对应多个区域。图像分割是由图像处理到图像分析的关键步骤，也是一种基本的计算机视觉技术。图像的分割、目标的分离、特征的提取和参数的测量用于将原始图像转化为更抽象、更紧凑的形式，便于更高层次的分析和理解。

1. 基于阈值的图像分割

图像阈值处理是一种区域分割技术，它根据一定规则将灰度分成两个或多个灰度区间。阈值处理主要利用目标与背景在灰度上的差异，选择一个合适的阈值，通过判断图像中每一个像素的特征属性是否满足阈值的要求，确定该像素属于哪个区域。由于阈值处理具有直观和易于实现的特点，且阈值分割总能用封闭且连通的边界定义互不重叠的区域，所以阈值分割方法成为图像分割中应用最广泛的一种。由于图像种类繁多，特点也各不相同，因此我们要对不同的阈值分割方法进行研究和分析，以便针对不同的图像选择合适的阈值分割方法。

（1）单阈值分割方法。单阈值分割方法是指在图像灰度取值范围内选择一个灰度值作为阈值，分别记输入和输出图像为 $f(x, y)$ 和 $g(x, y)$，则

$$g(x,y)=\begin{cases}0, & f(x,y)\leqslant T \\ 1, & f(x,y)> T\end{cases} \tag{7.3}$$

其中，所有小于等于阈值 T 的像素点称为背景点，对应于背景区域；而那些大于阈值 T 的像素点称为目标点，对应于目标区域(前景区域)。由此产生的图像为二值图像，生成二值图像的过程称为二值化。图像二值化的关键就是阈值的选取和确定。阈值的选取和确定一般是根据图像的直方图来进行的，如果图像的灰度直方图是一个双峰直方图，那么选择两峰之间的谷值作为阈值来分割目标和背景。这种分割方法适用于图像的目标和背景像素分布在两个明显不同的灰度级范围内的情况，如文档图像中文字目标和纸张背景的分割。

（2）多阈值分割方法。多阈值分割方法是指在图像灰度取值范围内选择多个灰度值作为阈值，设阈值个数为 n 个，则进行如下分割处理：

$$g(x,y)=\begin{cases}g_0, & f(x,y)\leqslant T_0 \\ g_1, & T_0< f(x,y)\leqslant T_1 \\ \quad\vdots \\ g_{n-1}, & T_{n-2}< f(x,y)\leqslant T_{n-1} \\ g_n, & T_{n-1}< f(x,y)\end{cases} \tag{7.4}$$

式中，$g_0,g_1,\cdots,g_{n-1},g_n$ 为分割后的 $n+1$ 个灰度级。这种方法适用于提取目标有多个而且目标分布在不同的灰度级范围内的情况。

（3）自适应阈值分割方法。自适应阈值分割方法中最常用的是 OTSU 算法，也叫最大类间方差法，有时也称为大津算法。详细内容见 5.8.3 节。

2. 基于颜色的图像分割

图像分割是由图像处理到图像分析的关键步骤，在图像工程中占据重要的地位。它的目的就是把图像分成各具特性的区域并提取出人们感兴趣的目标。随着技术的进步，彩色图像的使用越来越多，其分割也越来越引起人们的重视。许多原用于灰度图像分割的方法并不适用于直接分割彩色图像。现已提出的彩色图像分割方法主要包括直方图阈值法、基于区域的分割方法(如区域生长法、区域分裂与合并法、分水岭分割法、基于随机场的方法)、边缘检测法、颜色聚类法、基于特定理论的分割方法(如基于小波的分割方法、基于模糊集合理论的分割方法、基于物理模型的方法)等，利用神经网络的方法也很常见。彩色图像分割是从图像中提取一个或多个相连的、满足均匀性(同质)准则的区域的过程。下面简单介绍几种彩色图像分割方法。

（1）直方图阈值法。阈值分割是一种区域分割技术，适用于物体与背景有较强对比的景物分割。该方法计算简单，而且总能用封闭且连通的边界定义不交叠的区域。彩色图像的直方图是包括 R、G、B 三个分量的三维矩阵，直接通过该数组确定阈值比较困难。针对这个问题，通常有两种解决方法：一种是将 RGB 颜色空间转化为其他颜色空间，然后针对各分量分别进行处理；另一种是对 R、G、B 三个分量分别形成直方图，对其中的某一个或多个直方图分别选取值，并对分割结果进行合并。

（2）基于区域的分割方法。基于区域的分割方法是根据图像中像素的相似性质将像素划分到同一个区域中，从而形成多个不相交的分割区域。这种方法包括区域生长法、区域分裂及合并法，也可以将两种方法结合使用。区域生长法主要是考虑像素及其空间邻域像素之间的关系，开始时确定一个或多个像素点作为种子，然后按某种相似性准则增长区域，将相邻的具有相似性的像素或区域归并，从而逐步增长区域，直到没有可以归并的点或其他小区域为止。区域生长法主要由三个步骤组成：选择合适的种子；确定相似性准则(生长准则)；确定生长停止条件。区域分裂及合并法是按照某种已知准则分裂或合并区域，当一个区域不满足一致性准则时被分裂成几个小的区域，当相邻区域性质相似时合并成一个大区域。

（3）基于特定理论的分割方法。随着分割方法的研究，很多学者在图像分割中使用了许多新的方法和思路。其中一些方法已取得了较大的成果，如聚类、人工神经网络、图论等方法。

7.2.2 形态学处理

数学形态学是以形态结构元素为基础对图像进行分析的数学工具。它的基本思想是用具有一定形态的结构元素去度量和提取图像中的对应形状以达到对图像分析和识别的目的。数学形态学的应用可以简化图像数据，保持它们基本的形状特征，并除去不相干的结构。数学形态学的基本运算包括膨胀、腐蚀、开启和闭合。它们在二值图像中和灰度图像中各有特点。基于这些基本运算还可以推导和组合出各种数学形态学的实用算法。

利用数学形态学进行图像分析的基本步骤如下：

（1）提出所要描述的物体的几何结构模式，即提取物体的几何结构特征。

（2）根据该模式选择相应的结构元素。结构元素应该简单且对相应模式具有最强的表现力。

（3）用选定的结构元素对图像进行变换，便可得到比原始图像更显著突出物体特征信息的图像。如果赋予相应的变量，则可得到该结构模式的定量描述。

（4）经过形态变换后的图像突出需要的信息，此时就可以方便地提取信息。

应用数学形态学进行图像分析和处理时，要设计一种收集图像信息的"探针"，称为结构元素。结构元素的选择十分重要，其形状、尺寸合适与否是能否有效提取信息的关键。当要处理的图像是二值图像时，结构元素采用二值图像；当要处理的图像是灰度图像时，则采用灰度图像作为结构元素。

形态运算的质量取决于所选取的结构元素和形态变换。结构元素的选择要根据具体情况来确定，而形态运算的选择必须满足一些基本约束条件，这些约束条件称为图像定量分析原则，主要包括平移兼容性、尺度变换兼容性、局部知识原理、半连续原理。

为了后面介绍数学形态学的基本运算，这里对形态学的理论基础——集合论加以简要介绍。基本集合涉及的相关定义如下：

（1）集合：具有某种性质的、特定的、有区别的事物的全体。常用大写字母 A、B、C 等表示。如果某种事物不存在，就称这种事物的全体是空集，记为 $\varnothing$。

（2）元素：构成集合的每一个事物，常用小写字母 a、b、c 等表示。任何事物都不是 $\varnothing$ 中的元素。集合中的元素具有无序性、确定性、互异性。

（3）子集：当且仅当集合 A 中的元素都属于集合 B 时，称 A 为 B 的子集。

（4）并集：由 A 和 B 中的所有元素组成的集合称为集合 A 和 B 的并集。

（5）交集：由 A 和 B 中的公共元素组成的集合称为集合 A 和 B 的交集。

（6）补集：A 的补集记作 $\overline{A}$，定义为 $\overline{A}=\{x \mid x \notin A\}$。

（7）位移：A 用 $x=(x_1,x_2)$ 位移记为 A_x，定义为 $A_x=\{y \mid y=a+x, a \in A\}$。

（8）映像：A 的映像（也称为映射）记作 $\hat{A}$，定义为 $\hat{A}=\{x \mid x=-a, a \in A\}$。

（9）差集：两个集合 A 和 B 的差集为 $A-B$，定义为 $A-B=\{x \mid x \in A, x \notin B\}=A \cap \overline{B}$。

根据所选结构元素的不同，可以将图像数学形态学的基本运算分为二值数学形态学的基本运算和灰度数学形态学的基本运算。以下在介绍数学形态学的四种基本运算时，将按这两种结构元素分别加以展开。

1. 膨胀与腐蚀

1）膨胀与腐蚀的概念[27]

二值形态学中的运算对象是集合，但实际运算中当涉及两个集合时并不把它们看作是互相对等的。一般记 A 为图像集合，B 为结构元素，数学形态学运算是用 B 对 A 进行操作。需要指出，结构元素本身实际上也是 1 个图像集合，对每个结构元素，指定 1 个原点，它是结构元素参与形态学运算的参考点。注意：原点可以包含在结构元素中，也可以不包含在结构元素中，但运算的结果通常不相同。

（1）膨胀。膨胀是形态学运算中最基本的算子之一，它在图像处理中的主要作用是扩充物体边界点，连接两个距离很近的物体。集合 A 用集合 B 膨胀，记作 $A \oplus B$，定义为

$$A \oplus B = \{x \mid B_x \cap A \neq \varnothing\} \tag{7.5}$$

式（7.5）表明，用集合 B 膨胀集合 A，即当集合 B 的原点在集合 A 中移动时，集合 B 中的元素位移后所占位置组成的集合。在图像处理中，集合 A 一般是待膨胀的图像，集合 B 为结构元素。

膨胀可以用来填补物体中小的空洞和狭窄的缝隙，它使物体的尺寸增大。如果需要保持物体原来的尺寸，则膨胀应与腐蚀相结合。

（2）腐蚀。腐蚀也是形态学运算中最基本的算子之一，它是与膨胀相对应的运算。它在图像处理中的主要作用是消除物体的边界点，消除图像中小于结构元素的物体，分开具有细小连接的两个物体。集合 A 被集合 B 腐蚀，记作 $A \ominus B$，定义为

$$A \ominus B = \{x \mid B_x \subseteq A\} \tag{7.6}$$

式(7.6)表明，用集合 B 腐蚀集合 A，即集合 B 完全包含于集合 A 时，集合 B 的原点元素所在位置的集合。在图像处理中，集合 A 一般是待腐蚀的图像，集合 B 为结构元素。

膨胀和腐蚀是两种最基本的二值数学形态学运算，建立在明可夫斯基(Minkowski)和与差的基础上，是复合形态变换或形态分析的基础，对设计形态学算子进行图像处理和分析非常重要。需要注意的是，膨胀和腐蚀并不是互逆运算，即对一个图像用结构腐蚀后，再用统一结构元素进行膨胀，结果并不一定等于原图。

图像的腐蚀与膨胀如图 7-4 所示。

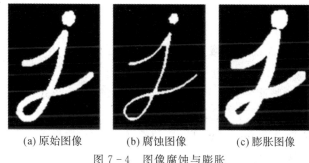

(a) 原始图像　　　(b) 腐蚀图像　　　(c) 膨胀图像

图 7-4　图像腐蚀与膨胀

2) 灰度图像的膨胀与腐蚀

利用"最小化"和"最大化"运算，可以很容易地将作用于二值图像的二值形态学运算推广到灰度图像上。对一幅图像的腐蚀(或膨胀)运算定义为对每个像素赋值为某个邻域内输入图像灰度级的最小值(或最大值)。灰度级变换中的结构元素比二值变换有更多的选择，二值变换的结构元素只代表一个邻域，而在灰度级变换中结构元素是一个二元函数，它规定了预期的局部灰度级性质。在求得邻域内最大值(或最小值)的同时，会将结构元素的值相加(或相减)。

(1) 灰度图像膨胀。用结构元素 b 对输入图像 f 进行灰度膨胀，记为 $f \oplus b$，其定义为

$$(f \oplus b)(s,t) = \max\{f(s-x,t-y)+b(x,y) \mid (s-x, t-y) \in D_f \& (x,y) \in D_b\} \tag{7.7}$$

其中，D_f 和 D_b 分别是 f 和 b 的定义域。这里限制 $s-x$ 和 $t-y$ 在 f 的定义域之内，类似于在二值膨胀定义中要求 2 个运算集合至少有 1 个(非零)元素相交。

下面先用一维函数来简单介绍式(7.7)的含义和运算操作机制。当用一维函数时，式(7.7)可以简化为

$$(f \oplus b)(s) = \max\{f(s-x)+b(x) \mid s-x \in D_f \& x \in D_b\} \tag{7.8}$$

如同在卷积中，$f(-x)$ 是对应 x 轴原点的映射。对正的 s，$f(s-x)$ 移向右边；对负的 s，$f(s-x)$ 移向左边。要求 $s-x$ 在 f 的定义域内和要求 x 的值在 b 的定义域内是为了让 f 和

b 相重合。

与二值图像的膨胀不同的是,在式中是让 f 而不是让 b 反转平移,这是因为膨胀具有互换性。如果让 b 反转平移进行膨胀,其结果也完全一样。

膨胀计算是在由结构元素确定的邻域中选取 $f+b$ 的最大值,所以对灰度图像的膨胀操作有两个结果:一是如果结果元素的值都是正的,则输出图像会比输入图像亮;二是根据输入图像中暗细节的灰度值以及它们的形状相对于结构元素的关系,它们在膨胀中或被消减或被删除[28]。

(2) 灰度图像腐蚀。用结构元素 b 对输入图像 f 进行灰度腐蚀,记为 $f \ominus b$,其定义为

$$(f \ominus b)(s,t) = \min\{f(s+x,t+y) - b(x,y) \mid (s+x, t+y) \in D_f \& (x,y) \in D_b\}$$
$$(7.9)$$

其中,D_f 和 D_b 分别是 f 和 b 的定义域。这里限制 $s+x$ 和 $t+y$ 在 f 的定义域之内,类似于二值腐蚀定义中要求结构元素完全包括在被腐蚀集合中。

为简单起见,如讨论膨胀一样,下面用一维函数来简单介绍式(7.9)的含义和运算操作机制。当用一维函数时,式(7.9)可简化为

$$(f \ominus b)(s) = \min\{f(s+x) - b(x) \mid s+x \in D_f \& x \in D_b\} \qquad (7.10)$$

要求 $s+x$ 在 f 的定义域内和要求 x 的值在 b 的定义域中是为了把 b 完全包含在 f 的平移范围内。

腐蚀计算是在由结构元素确定的邻域中选取 $f-b$ 的最小值,所以对灰度图像的腐蚀操作有两个结果:一是如果结构元素都是正的,则输出图像会比输入图像暗;二是如果输入图像中亮细节的尺寸比结构元素小,则其影响会被减弱,减弱的程度取决于这些亮细节周围的灰度值与结构元素的形状和幅值。

2. 开运算和闭运算

膨胀和腐蚀并不互为逆运算,所以它们可以结合使用。例如,可先对图像进行腐蚀,然后膨胀,或先对图像进行膨胀,然后腐蚀(这里使用同一结构元素)。前一种运算称为开启,后一种运算称为闭合。它们是数学形态学中的重要运算。

开启运算符为 $\circ$,A 用 B 来开启,写为 $A \circ B$,其定义为

$$A \circ B = (A \ominus B) \oplus B \qquad (7.11)$$

闭合运算符为 $\cdot$,A 用 B 来闭合,写作 $A \cdot B$,其定义为

$$A \cdot B = (A \oplus B) \ominus B \qquad (7.12)$$

开启和闭合不受原点是否在结构元素之中的影响。

灰度数学形态学中关于开启和闭合的表达与二值数学形态学中关于开启和闭合的表达是一致的。用 b(灰度)开启 f 记作 $f \circ b$,其定义为

$$f \circ b = (f \ominus b) \oplus b \qquad (7.13)$$

用 b(灰度)闭合 f 记作 $f \cdot b$，其定义为

$$f \cdot b = (f \oplus b) \ominus b \qquad (7.14)$$

实际中常用开启操作消除与结构元素相比尺寸较小的亮细节，而保持图像整体灰度值和大的亮区域基本不受影响。具体就是：第一步，腐蚀去除小的亮细节，同时减弱图像亮度；第二步，膨胀增加图像的亮度，但不重新引入前面去除的细节，如图 7-5 所示。

(a) 原始图像   (b) 开运算结果

图 7-5 图像的开运算

实际中常用闭合操作消除与结构元素相比尺寸较小的暗细节，而保持图像整体灰度值和大的暗区域不受影响。具体就是：第一步，膨胀去除小的暗细节，同时增强图像亮度；第二步，腐蚀减弱图像亮度，但不重新引入前面去除的细节[28]，如图 7-6 所示。

(a) 原始图像   (b) 闭运算结果

图 7-6 图像的闭运算

7.2.3 连通域处理

一幅图像二值化处理后往往包含多个区域，需要通过标记把它们分别提取出来。标记分割图像各区域简单而有效的方法是检查各像素与其相邻像素的连通性。在二值图像中，背景区像素的值为 0，目标区域的像素值为 1。假设对一幅图像从左向右、从上向下进行扫

描，若要标记当前正被扫描的像素，则需要检查它与在它之前被扫描到的若干个近邻像素的连通性。

1. 边界追踪

给定一个二值区域 R 或其边界，追踪 R 的边界或给定边界的算法由如下步骤组成：

(1) 令起始点 b_0 为图像中左上角标记为 1 的点，使用 c_0 表示 b_0 左侧的邻点，如图 7-7 (b)所示。很明显，c_0 总是背景点。从 c_0 开始按顺时针方向考察 b_0 的 8 个邻点；令 b_1 表示所遇到的值为 1 的第一个邻点，并直接令 c_1(背景)为序列中 b_1 之前的点；存储 b_0 和 b_1 的位置，以便在步骤(5)中使用。

(2) 令 $b=b_1$，$c=c_1$，如图 7-7(c)所示。

(3) 从 c 开始按顺时针方向行进，令 b 的 8 个邻点为 $n_1,n_2,\cdots,n_8$，找到标记为 1 的第一个 n_k。

(4) 令 $b=n_k$ 和 $c=n_{k-1}$。

(5) 重复步骤(3)和步骤(4)，直到 $b=b_0$ 且找到的下一个边界点为 b_1。

当算法停止时，所找到的 b 点的序列就构成了排列后的边界点的集合。

注意：步骤(4)中的 c 总是背景点，因为 n_k 是顺时针扫描时找到的第一个"1"值点。该算法也称为 Moore 边界追踪算法。

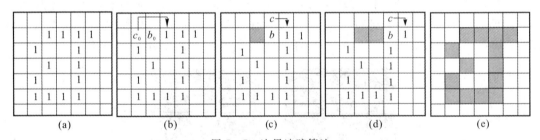

图 7-7 边界追踪算法

图 7-7(a)～(d)显示了边界追踪算法的前几步，已被处理的点标为灰色。继续该过程将得到如图 7-7(e)所示的正确边界，该边界中的点是一个顺时针方向排列的序列。但是该算法的步骤(5)中规定的停止规则并不正确，因为第一次停止时，会再次遇到 b_0。为了解该算法步骤(5)中规定的停止规则的必要性，对图 7-8(a)从左上角的点开始，执行上面的步骤。在图 7-8(c)中，我们看到该算法已经回到起始点[13]。如果算法因为再次到达起始点而停止，那么显然不会找到剩余的边界。

如果给定一个区域而非其边界，那么边界追踪算法会工作得很好。也就是说，该过程为提取一个二值区域的外边界。如果希望找到一个区域中的孔洞的边界(这种边界称为该区域的内边界)，简单的方法是提取这些孔洞，并将它们当作 0 值背景上的 1 值区域来处理。对这些区域应用边界追踪算法将得到原始区域的内边界。

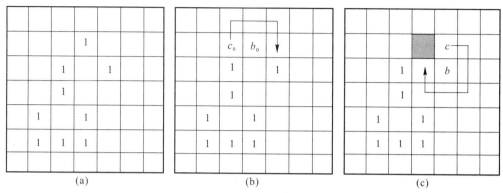

| (a) | (b) | (c) |

图 7 - 8　当再次遇到起始点 b_0 时边界追踪算法满足停止规则导致错误结果

2. 链码

链码用于表示由顺次连接的具有指定长度和方向的直线段组成的边界。典型的是基于这些线段的 4 连接或 8 连接[13]。每个线段的方向使用一种数字编号方案编码,如图 7 - 9 所示。注:以这种方向性数字序列表示的编码称为弗雷曼链码。

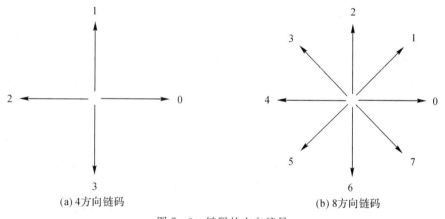

(a) 4方向链码　　　　　　　　(b) 8方向链码

图 7 - 9　链码的方向编号

数字图像通常以一种网格形式来获取并处理,在这种网格形式中,x 和 y 方向的间距相等,所以链码可以通过追踪一个边界的方法产生(即以顺时针方向,对连接每对像素的线段赋予一个方向)。这种方法通常是不可接受的,原因为:① 得到的链码往往太长;② 噪声或不完美分割沿边界引起的任何较小干扰都会导致编码的变化,而这种变化与边界的主要形状特征可能并不相关。

常用于解决这些问题的一种方法[13]是选取一个较大的网格间距来对边界重取样,如图 7 - 10(a)所示。当边界穿过网格时,将一个边界点赋给大网格的一个节点,具体取决于原始边界与该节点的接近程度，然后按这种方法得到的重取样边界可由一个 4 方向链码或 8 方向链码表示。图 7-10 显示了由 8 方向链码表示的粗略边界点。图中的起始点位于边界的左上角处，它给出了链码 0766-12，结果编码表示的精度取决于取样网格的间距。

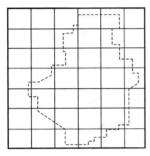

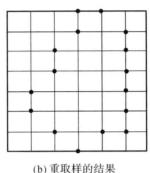

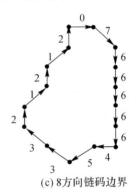

(a) 叠加有重取样网格的数字边界　　　　(b) 重取样的结果　　　　(c) 8方向链码边界

图 7-10　8 方向链码表示的粗略边界点

　　边界的链码取决于起始点。然而，链码可以通过一个简单的过程实现起始点归一化，其过程为将链码视为方向号码的一个循环序列，并重新定义起始点，以便得到号码序列的最小整数值。我们也可以针对旋转归一化（使用图中方向的整数倍的角度），使用链码的一次差分来替代链码本身。差分是通过计算链码中分隔两个相邻像素的方向变化的数（在图中按逆时针方向）得到的。例如，4 方向链码 10103322 的一次差分为 3133030，如果我们把链码作为循环序列来实现起始点归一化，则差分的第一个元素是通过使用链码的最后一个元素和第一个元素间的转变来计算得到。该例子中，差分结果是 3133030，改变重取样网格的大小，可实现尺寸归一化。

　　只有在旋转和尺度变化而边界本身不变时，这些归一化才是准确的，实际中很少出现这种情形。例如，同一物体按两个不同方向数字化后，通常会有不同的边界形状，不相似程度与图像的分辨率成正比。按其长度与数字化图像中像素间距离成比例来选择链码，或沿将被编码物体的主轴或沿其本征轴来选定重取样网格的方向，可降低这种影响。

3. 连通域的求法

　　在连通域的求法中，假如当前像素值为 0，就移动到下一个扫描的位置。假如当前像素值为 1，检查它左边和上边的两个邻接像素。这两个像素值和标记的组合有四种情况要考虑：

　　(1) 它们的像素值都为 0。此时给该像素一个新的标记（表示一个新的连通域的开始）。

　　(2) 它们中间只有一个像素值为 1。此时当前像素的标记等于为 1 的像素值的标记。

　　(3) 它们的像素值都为 1 且标记相同。此时当前像素的标记等于该标记。

　　(4) 它们的像素值为 1 且标记不同。将其两邻接像素中较小值赋给当前像素。

　　之后从另一边回溯到区域的开始像素为止，每次回溯再分别执行上述四个步骤，这样可以保证所有的连通域都被标记出来。之后再通过对不同的标记赋予不同的颜色或将其加上边框即可完成标记。图 7 - 11 为连通域操作结果图。

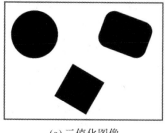

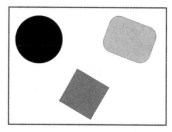

(a)二值化图像   (b)连通域后的图像

图 7 - 11 连通域操作

7.2.4 像素统计

面积只与物体的边界有关，而与其内部灰度级的变化无关。计算面积常用的三种方法如下：

（1）像素计数面积。对二值图像，最简单的面积计算方法是统计边界内部（也包括边界上）的像素的数目。面积 A 计算公式为

$$A = \sum_{x=0}^{N-1} \sum_{y=0}^{M-1} f(x,y) \tag{7.15}$$

（2）由边界行程码或链码计算面积。由各种封闭边界区域的描述来计算面积，可分如下情况：已知区域的行程编码，只需把值为 1 的行程长度相加，即为区域面积；若给定封闭边界的某种表示，则相应连通区域的面积应为区域外边界包围的面积减去它的内边界包围的面积（孔的面积）。

（3）用边界坐标计算面积。Green 定理表明，在 $x - y$ 平面中的一个封闭曲线包围的面积由其轮廓积分给定，即

$$A = \frac{1}{2} \int (x\mathrm{d}y - y\mathrm{d}x) \tag{7.16}$$

其中，积分沿着该闭合曲线进行。将其离散化为

$$A = \frac{1}{2} \sum_{i=1}^{N_b} \left[x_i (y_{i+1} - y_i) - y_i (x_{i+1} - x_i) \right] = \frac{1}{2} \sum_{i=1}^{N_b} \left[x_i y_{i+1} - x_{i+1} y_i \right] \tag{7.17}$$

式中，N_b 为边界点的数目。

7.3 计 数 测 量

在机器视觉中，计数测量指的是对不同形状的物体进行测量，如矩形、圆等。对于圆目

标的计数,在工业上有着重要的意义,自然界中普遍存在着类圆物体,如宇宙星体、药物、围棋子、水果等。尽管这些物体形态千差万别,但是都具有近似圆形的共同特性。通常,我们把具有凸集特性并且圆形度较高的物体称作类圆物体,这些物体的图像就是类圆图像。

传统的类圆图像的分析与统计工作主要依靠人眼的观察来完成,这种基于人工的检测方法存在工作繁重枯燥、精度低、主观性强等问题。在实际应用中,需要检测的图像样本数量往往很大,像类圆物体的图像中包含的颗粒数就比较多,而且常常出现类圆物体彼此重叠覆盖的情况。工作人员通常需要耗费很长的时间来高度重复的进行检测,容易造成工作人员的疲劳而引起误判,这就导致图像计数的精确度降低,影响最终的分析。而且人工参与的检测工作一般都带有人的主观性,检测标准不规范,不同的工作人员观察可能会产生不同的检测结果,同一个工作人员在不同时刻观察也可能会得到不同的检测结果。为了解决这些问题,采用机器视觉检测方式对目标物体进行拟合来计数变得越来越重要。

基于图像处理的计数测量一般处理过程如图 7 - 12 所示,主要经过图像采集、预处理、图像分割、特征选择、几何拟合和进行计数得出结果六个步骤,其中最为关键的一个环节是图像分割。图像分割的主要任务是将图像中需要计数的物体从背景中分离出来,并将所有物体都分成单个目标。分割的结果直接决定了后续图像特征提取与分析处理的效果,影响着最终的计数结果。

图 7 - 12 计数流程

其实,计数测量就是本章前几节的一个综合应用技术,它可以应用到多个视觉检测领域,通过对图像进行处理,提取目标物体的有用信息,可以达到有效地分析物体品质特性的目的,便于进一步的处理和计数统计。

本 章 小 结

本章主要介绍图像测量技术,涉及点-点距离、点-线距离、线-线距离等距离测量技术,图像分割、形态学处理、连通域处理、像素统计等面积测量技术,以及计数测量技术等。本章把上述相关视觉处理技术归纳到图像测量技术范畴内,可以直接应用到图像定位后的各类检测及测量应用中。

第8章 深度学习与神经网络

8.1 深度学习的基础

深度学习(Deep Learning，DL)是机器学习(Machine Learning，ML)领域中一个新的研究方向。深度学习主要学习样本数据的内在规律和表示层次，学习过程中获得的信息对诸如文字、图像和声音等数据的解释有很大的帮助。深度学习的最终目标是让机器能够像人一样具有分析学习能力，能够识别文字、图像和声音等数据。当前，深度学习在语音和图像识别方面取得的效果远远超过先前的相关技术。

深度学习的动机在于建立模拟人脑学习的神经网络，它通过模仿人脑的机制来解释数据，如图像、声音和文本。深度学习的概念源于人工神经网络的研究，通过组合低层特征，形成更加抽象的高层属性或特征，以发现数据的分布特征。神经网络曾经是机器学习领域的热点研究方向之一，但后来慢慢淡出，原因主要包括以下两个方面[23]：

(1) 容易过拟合，参数比较难调整，而且需要很多训练技巧。

(2) 训练速度慢，在层数比较少(小于3)的情况下的效果并不比其他方法更优。

所以，在20世纪80年代至21世纪初的20多年时间内，基本上以SVM和Boosting算法等机器学习为主。

深度学习与传统的神经网络之间既有相同的地方，也有很多不同之处。相同之处在于深度学习采用了与神经网络相似的分层结构，一般由输入层、隐藏层(多层)和输出层组成多层网络。

假设一个系统 S，它有 n 层($S_1,\cdots,S_n$)，输入是 I，输出是 O，可以形象地表示为 $I \rightarrow S_1 \rightarrow S_2 \rightarrow \cdots \rightarrow S_n \rightarrow O$。如果输出 O 等于输入 I，即输入 I 经过这个系统后没有任何信息损失，这意味着输入 I 经过每一层 S_i 都没有任何信息损失，即在任何一层都是原有信息(即输入 I)的另外一种表示。深度学习需要自动地学习特征，假设有一组输入(如图像或文本)，设计了一个 n 层系统 S，通过调整系统中的参数，使得它的输出仍然是输入 I，那么就可以自动地获取到输入的一系列层次特征，即 $S_1,\cdots,S_n$，实现对输入信息的分级表达。

8.1.1　神经元

M-P模型是首个通过模仿神经元而形成的模型。如图8-1所示，在M-P模型中，多个输入节点$(x_i|i=1,\cdots,n)$对应一个输出节点y。每个输入x_i乘以相应的连接权重w_i，然后相加，如果结果大于阈值h，则输出1，否则输出0。M-P模型的公式如下：

$$y = f\left(\sum_{i=1}^{n} w_i x_i - h\right) \tag{8.1}$$

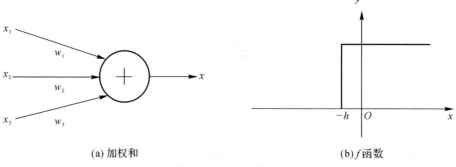

(a) 加权和　　　　　　　　　　　　　　(b) f 函数

图 8-1　M-P模型

M-P模型可以表示 AND 和 OR 等逻辑运算。如图8-1所示，M-P模型在表示各种逻辑运算时，可以转化为单输入单输出模型或双输入单输出模型。

取反运算符（NOT运算符）可以使用图8-2(a)所示的单输入单输出M-P模型来表示。使用取反运算符时，如果输入0，则输出1，如果输入1，则输出0。把它们代入M-P模型的公式(8.1)，可以得到$w_i=-2$，$h=-1$。

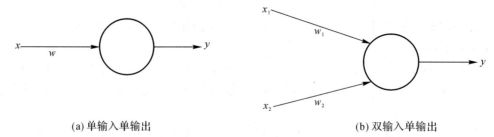

(a) 单输入单输出　　　　　　　　　　　(b) 双输入单输出

图 8-2　用M-P模型表示逻辑运算

逻辑或（OR运算符）和逻辑与（AND运算符）可以使用图8-2(b)所示的双输入单输出M-P模型来表示。各运算符的输入与输出关系如表8-1所示。根据表8-1所示的关系，以OR运算为例时，$w_1=1$，$w_2=1$，$h=0.5$，把它们代入式(8.1)可以得到：

$$y = f(x_1 + x_2 - 0.5) \tag{8.2}$$

以 AND 运算为例时，$w_1=1$，$w_2=1$，$h=1.5$，把它们代入公式(8.1)可以得到：

$$y = f(x_1 + x_2 - 1.5) \tag{8.3}$$

由此可见，使用 M-P 模型可以进行逻辑运算[29]。

表 8-1　OR 运算符和 AND 运算符的输入与输出关系

输入 x_1	输入 x_2	OR 运算的输出	AND 运算的输出
0	0	0	0
0	1	1	0
1	0	1	0
1	1	1	1

8.1.2　感知器

M-P 模型的逻辑运算比较简单，可以人为事先确定参数，但逻辑运算符 w_i 和 h 的组合并不仅仅限于前面提到的这几种。罗森布拉特提出的感知器能够根据训练样本自动获取样本的组合，通过训练自动确定参数。训练方式为有监督学习，即需要设定训练样本和期望输出，然后调整实际输出和期望输出之差，这就是误差修正学习。误差修正学习的公式如下：

$$w_i \leftarrow w_i + \alpha(r - y)x_i \tag{8.4}$$

$$h \leftarrow h + \alpha(r - y) \tag{8.5}$$

其中，α 是确定连接权重调整值的参数，r 是期望输出，y 是实际输出。α 增大，则误差修正速度增加；α 减小，则误差修正速度降低。

感知器中调整权重的基本思路如下：

(1) 实际输出 y 与期望输出 r 相等时，w_i 和 h 不变。

(2) 实际输出 y 与期望输出 r 不相等时，调整 w_i 和 h 的值。

为了解决线性不可分等更复杂的问题，人们提出了多层感知器模型，如图 8-3 所示。多层感知器指由多层结构的感知器组成的输入值前向传播的网络，也被称为前馈网络或正向传播网络。

多层感知器通常采用三层结构，由输入层、中间层及输出层组成。与式(8.1)表示的 M-P 模型相同，中间层的感知器通过权重与输入层的各单元相连接，通过阈值函数计算中间层各单元的输出。中间层与输出层之间同样是通过权重相连接的。那么，如何确定各层之间的连接权重呢？单层感知器是通过误差修正学习来确定输入层与输出层之间的连接权重的，多层感知器也可以通过误差修正学习确定两层之间的连接权重。误差修正学习是根据输入数据的期望输出和实际输出之间的误差来调整连接权重的，但是不能跨层调整，所以无法进行多层训练。因此，初期的多层感知器使用随机数确定输入层与中间层之间的连接权重，只对中间层与输出层之间的连接权重进行误差修正学习。这样，就会出现输入数据虽然不同，但是中间层的输出值相同，以至于无法准确分类的情况。那么，多层网络中应该如何训练连接权重呢？研究人员提出了误差反向传播算法[29]。

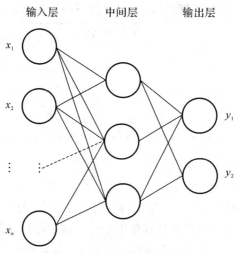

图 8 - 3   多层感知器的结构

8.1.3   前向传播

1. 前向传播流程

前向传播流程是指根据输入 x 得到输出 y 的过程。前向传播流程示意图如图 8 - 4 所示。

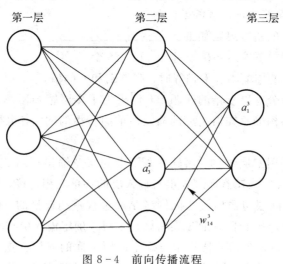

图 8 - 4   前向传播流程

记 w_{jk}^l 为第 $l-1$ 层第 k 个神经元到第 l 层第 j 个神经元的权重，b_j^l 为第 l 层第 j 个神经元的偏置，a_j^l 为第 l 层第 j 个神经元的激活值（激活函数的输出）。不难看出，a_j^l 的值取决于上一层神经元的激活：

$$a_j^l = \sigma\big(\sum_k w_{jk}^l\, a_k^{l-1} + b_j^l\big) \tag{8.6}$$

将式(8.6)重写为矩阵形式：

$$a^l = \sigma(w^l\, a^{l-1} + b^l) \tag{8.7}$$

为了方便表示，记 $z^l = w^l a^{l-1} + b^l$ 为每一层的权重输入，则式(8.7)变为 $a^l = \sigma(z^l)$。利用式(8.7)层层计算网络的激活值，最终能够根据输入 x 得到相应的输出 y。

2. 激活函数

激活函数类似于人类神经元，用于对输入信号进行线性或非线性变换。M-P 模型中使用阶跃函数作为激活函数，多层感知器中使用 Sigmoid 函数。利用输入层与中间层之间或中间层与输出层之间的连接权重 w_i 乘以相应单元的输入值 x_i，将该乘积之和 u 经 Sigmoid 函数计算即得到激活值[29]：

$$\mathrm{Sigmoid}(u) = \frac{1}{1 + \mathrm{e}^{-u}} \tag{8.8}$$

式中：

$$u = \sum_{i=1}^{n} w_i\, x_i \tag{8.9}$$

如图 8-5(b)所示，使用 Sigmoid 函数时，对输入数据进行加权求和，如果得到的结果较大，则输出 1，如果较小，则输出 0。M-P 模型中使用的是阶跃函数（如图 8-5(a)所示），当 u 等于 0 时，输出结果在 0 和 1 之间发生剧烈变动，而 Sigmoid 函数的曲线变化则较平缓。常用的激活函数还有很多，将会在 8.2.3 节中介绍。

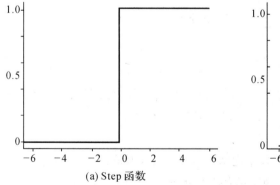
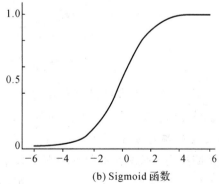

(a) Step 函数   (b) Sigmoid 函数

图 8-5   Step 函数和 Sigmoid 函数

3. 损失函数

损失函数用来估量模型的预测值 $f(x)$ 与真实值 y 的不一致程度，它是一个非负值函数，通常用 $L(y, f(x))$ 来表示。损失函数是经验风险函数的核心部分，也是结构风险函数的重要组成部分。模型的结构风险函数包括了经验风险项和正则项，通常可以表示成

$$\theta^* = \arg\min_\theta \frac{1}{N} \sum_{i=1}^{N} L(y_i, f(x_i, \theta)) + \lambda \Phi(\theta) \tag{8.10}$$

其中，等号右边第一项表示的是经验风险损失函数，L 表示的是损失函数；等号右边第二项是正则化项。

1）L_1 损失函数和 L_2 损失函数

L_1 损失函数又叫最小绝对值偏差，它用来把目标值与估计值的绝对差值的总和最小化，计算式为

$$L_1 = \sum_{i=1}^{n} |y_i - f(x_i)| \tag{8.11}$$

L_2 损失函数也被称为最小平方误差，它用来把目标值与估计值的差值的平方和最小化，计算式为

$$L_2 = \sum_{i=1}^{n} [y_i - f(x_i)]^2 \tag{8.12}$$

L_2 损失函数对异常点比较敏感，因为 L_2 将误差平方化，使得异常点的误差过大，模型需要大幅度调整，这样会牺牲很多正常的样本。对于 L_1 损失函数，由于导数不连续，可能存在多个解，当数据集有一个微小的变化时，解可能会有一个很大的跳动，因此 L_1 的解不稳定。

2）Smooth L_1 损失函数

在目标检测中常用到 Smooth L_1 损失函数，其计算式如下：

$$L(t^u, v) = \sum_{i \in \{x, y, w, h\}} \text{Smooth} L_1(t_i^u - v_i) \tag{8.13}$$

$$\text{Smooth} L_1(x) = \begin{cases} 0.5 x^2, & |x| < 1 \\ |x| - 0.5, & |x| \geqslant 1 \end{cases} \tag{8.14}$$

Smooth L_1 损失函数可以让离群点更加鲁棒。相比于 L_1，其对离群点、异常值不敏感，可以控制梯度的量级，易于训练。另外，Smooth L_1 在零点处可导，函数更加平滑。

3）交叉熵损失函数

交叉熵损失函数刻画的是两个概率分布之间的距离。交叉熵通过概率分布 q 来表达概率分布 p 的困难程度，其中 p 为真实分布，q 为预测分布。交叉熵越小，两个概率分布越接近。交叉熵损失函数来源于信息论中的 KL 散度（Kullback-Leibler divergence）。

在深度学习中，二分类通常通过 Sigmoid 函数作为预测输出，得到预测分布；对于多分类，则通过 Softmax 得到预测分布，具体公式如下：

$$\text{Softmax}(y_i) = \frac{\mathrm{e}^{y_i}}{\sum\limits_{j=1}^{n} \mathrm{e}^{y_j}} \tag{8.15}$$

经过 Softmax 之后，神经网络的输出变为概率分布，可以通过交叉熵来计算预测的概率分布与真实分布之间的距离。由于交叉熵损失函数的曲线是一个凸函数，整体呈单调性，损失越大，梯度越大，便于反向传播时快速优化，因此目前深度学习中交叉熵损失函数的使用非常广泛。

8.1.4　后向传播

1. 链式法则

链式法则是在反向传播（又称后向传播）过程中对各个映射中的可变参数进行求导的法则。该法则使映射中的各个可变参数接近想要的值，使误差更小。深度学习将多种映射叠加在一起，对输入进行多个映射处理。理论上，多个映射叠加的表达能力将比单一的映射更强，对其进行优化后可以使误差变得更小。

假设误差（cost）的计算方式如下：

$$f' = f(x) \tag{8.16}$$
$$g' = g(f') \tag{8.17}$$
$$y' = k(g') \tag{8.18}$$
$$\text{cost} = L(y, y') \tag{8.19}$$

式中：x 是输入，y 是目标值。

如果要计算 $\dfrac{\mathrm{d}(\text{cost})}{\mathrm{d}x}$，这里的 x 可以是一个数字，也可以是一个向量，或是一个矩阵，可以通过计算 $\dfrac{\mathrm{d}f'}{\mathrm{d}x} \times \dfrac{\mathrm{d}g'}{\mathrm{d}f'} \times \dfrac{\mathrm{d}y'}{\mathrm{d}g'} \times \dfrac{\mathrm{d}(\text{cost})}{y'}$ 来获取想要的导数 $\dfrac{\mathrm{d}(\text{cost})}{\mathrm{d}x}$。在机器学习中，这里的三个函数 f、g、k 代表了不同的映射，L 也可以理解成一种映射，只不过在输入中将目标值 y 也考虑在内。这里 x 代表输入数据，但是对输入数值求导的意义不大，因为我们不能对数据进行改变，这使得我们的目标误差变得更小，实际情况中要对各个映射中包含的可变变量进行求导。

2. 梯度下降

多层感知器中，输入数据从输入层输入，经过中间层，最终从输出层输出。因此，反向传播算法就是通过比较实际输出和期望输出得到误差信号，把误差信号从输出层逐层向前传播，再通过链式法则对误差函数求导来更新各层的连接权重以减小误差。权重的调整主要使用梯度下降法（Gradient Descent Method），如图 8-6 所示，通过实际输出和期望输出之间的误差 E 和梯度，确定连接权重 w^0 的调整值，得到新的连接权重 w^1。如此不断调整权重以使误差达到最小，从中学习得到最优的连接权重w^{opt}，这就是梯度下降法[29]。

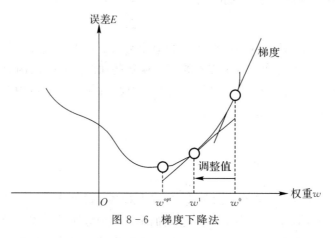

图 8-6 梯度下降法

学习率 η 是用来确定权重连接调整程度的系数。将梯度下降法的计算结果乘以学习率，可得到权重调整值。如果学习率过大，则有可能修正间隔过大，导致损失无法收敛，训练效果不佳；反之，如果学习率过小，则收敛速度会很慢，导致训练时间过长。实际训练过程中一般会根据经验确定学习率，先设定一个较大的值，然后逐步减小训练率。

$$w^{i+1} = w^i - \eta \nabla f(w) \tag{8.20}$$

梯度下降法主要是对损失函数进行最小化的优化。目前常用算法有三种，分别是批量梯度下降（Batch Gradient Descent，BGD）、随机梯度下降（Stochastic Gradient Descent，SGD）、小批量梯度下降（Mini-Batch Gradient Descent，MBGD）。

1）批量梯度下降 BGD

假设损失函数可表示为

$$f(\alpha_0, \alpha_1, \cdots, \alpha_n) = \frac{1}{m} \sum_{j=0}^{m} (\hat{y} - y)^2 \tag{8.21}$$

其中，$\hat{y}$ 是预测值，y 是真实值，共有 m 个预测值。若要最小化损失函数，需要对每个参数 $\alpha_0, \alpha_1, \cdots, \alpha_n$ 求梯度。但是，BGD 通常取所有训练样本损失函数的平均作为损失函数，假设有 β 个样本，则

$$F(\alpha_0, \alpha_1, \cdots, \alpha_n) = \frac{1}{\beta} \sum_{i=0}^{\beta} f_i(\alpha_0, \alpha_1, \cdots, \alpha_n) \tag{8.22}$$

因此，梯度更新可表示为

$$\alpha_i = \alpha_i - \eta \cdot \frac{\partial F(\alpha_0, \alpha_1, \cdots, \alpha_n)}{\partial \alpha_i} \tag{8.23}$$

式中，$\dfrac{\partial F(\alpha_0, \alpha_1, \cdots, \alpha_n)}{\partial \alpha_i}$ 是损失函数对参数 α_i 的偏导数；η 为学习率，即步长，该参数需要

人为设置，过大容易找不到相对最优解，过小会使得优化速度过慢。

由上述过程可以看到，在每个迭代过程中，每迭代一步，都要用到训练集中的所有数据。如果样本数目很大，则训练过程会很慢。同时，BGD无法处理超出内存容量限制的数据集。BGD同样也不能在线更新模型，即在运行的过程中，不能增加新的样本。BGD收敛如图8-7所示。

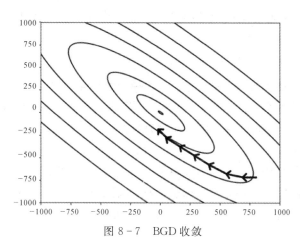

图8-7　BGD收敛

2）随机梯度下降SGD

针对BGD训练速度过慢的缺点，提出了SGD。BGD每次迭代需把所有样本都过一遍，每训练一组样本就需要更新梯度；而SGD是从样本中随机抽出一组，训练后按梯度更新一次，然后抽取一组，再更新一次。采用SGD，在样本量极大的情况下，在不用训练完所有样本的情况下就可以获得一个损失值在可接受范围之内的模型。但是，SGD伴随的一个问题是噪声较大，使得SGD并不是每次迭代都向整体最优化方向更新。SGD收敛如图8-8所示。

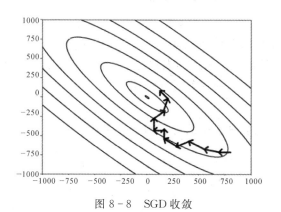

图8-8　SGD收敛

3）小批量梯度下降 MBGD

SGD 的计算速度快，但是也存在问题。由于单个样本的训练可能会带来很多噪声，使得 SGD 并不是每次迭代都向着整体最优化的方向，因此在刚开始训练时可能收敛得很快，但是训练一段时间后就会变得很慢。小批量梯度下降 MBGD 最终结合了 BGD 和 SGD 的优点，每次从样本中随机抽取一小批数据进行训练，而不是一组。这样不仅可以减少参数更新的方差，还可以得到更加稳定的收敛结果。现在所说的 SGD 一般都指 MBGD，但是该方法也容易陷入局部最优。

3. 参数修正

上述梯度下降算法存在一些问题：第一，选择合适的学习率比较困难；第二，对所有的参数更新使用同样的学习率，更新不灵活；第三，容易收敛到局部最优，并且容易被困在鞍点。基于以上问题，研究人员提供了很多优化改进算法。

1）Momentum

Momentum 模拟物理中动量的概念，其主要思想就是利用类似于移动指数加权平均的方法来对网络参数进行平滑处理，使得梯度的摆动幅度变得更小。在梯度指向同一方向的维度上，Momentum 增加更新；在梯度改变方向的维度上，Momentum 减少更新。具体实现方法如下：

$$v_t = \gamma v_{t-1} + \nabla f(\theta) \tag{8.24}$$
$$\theta = \theta - \eta v_t \tag{8.25}$$

式中，η 是学习速率；γ 一般取 0.5～0.99；v_t 和 v_{t-1} 分别为本次更新的和上一次的梯度值。

对于该方法，可以理解为对前一步变化进行了衰减，衰减率为 γ，同时计算更新梯度。如果当前的梯度和上一次的方向一致，则增大这种变化；如果方向相反，则减小这种变化。

Nestrov 在 Momentum 的基础上对其进行了改进，实现方法如下：

$$v_t = \gamma v_{t-1} + \nabla f(\theta - \gamma \eta v_{t-1}) \tag{8.26}$$
$$\theta = \theta - \eta v_t \tag{8.27}$$

两者的主要区别在于梯度的计算，如图 8-9 所示。Momentum 计算的是当前位置的梯度；而 Nestrov 首先估计参数在更新后的大致位置，即参数在向上一步的方向继续运动，然后计算该位置的梯度并将其作为对更新方向的纠正。

2）Adagrad

Adagrad 是一种自适应学习速率的迭代算法，主体的更新过程就是基础的梯度下降，而主要的改变在于学习速率，实现方法如下：

$$\theta_{t+1} = \theta_t - \frac{\eta}{\sqrt{\sum_{i=0}^{t} g_i^2 + \varepsilon}} g_t \tag{8.28}$$

其中，η 为初始学习速率；g_t 为第 t 次的梯度；ε 是一个防止除数为 0 的很小的数。随着逐渐更新，梯度平方和逐渐增大，而学习速率逐渐减小。在后期，学习速率会慢慢趋近于 0。

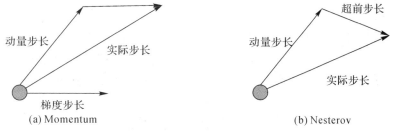

(a) Momentum   (b) Nesterov

图 8-9 梯度更新

3) Adadelta 和 RMSprop

Adadelta 和 RMSprop 这两个方法都是为解决 Adagrad 的缺点而提出的。在 Adadelta 中通过衰减来使用最近梯度的平方，通过使用期望来保证它不会过大，而使学习率降为 0。期望更新是带权重的，该权重称为衰减系数 v，具体的公式如下：

$$n_t = v n_{t-1} + (1-v) g_t^2 \qquad (8.29)$$

$$\Delta \theta_t = -\frac{\eta}{\sqrt{n_t} + \varepsilon} g_t \qquad (8.30)$$

RMSprop 是 Adadelta 的特例，具体的计算方法如下：

$$E(g^2)_t = \rho E(g^2)_{t-1} + (1-\rho) g_t^2 \qquad (8.31)$$

$$\Delta \theta_t = -\frac{\eta}{\sqrt{E[g^2]_t} + \varepsilon} g_t \qquad (8.32)$$

式中：ρ 是衰减系数。可以这么理解：每一次衰减只使用附近的梯度平方，较长时间之前的梯度随着衰减逐渐消失。该方法中仍然存在超参数初始学习率的设定问题，一般建议学习速率为 0.9。RMSprop 优化算法适合处理非平稳目标。

4) Adam

Adam(Adaptive Moment Estimation)是带有动量项的 RMSprop，它利用梯度的一阶矩和二阶矩估计，动态调整每个参数的学习率。Adam 的优点主要在于经过偏置校正后，每一次迭代学习率都有确定范围，使得参数比较平稳。具体的公式如下：

$$m_t = \mu m_{t-1} + (1-\mu) g_t \qquad (8.33)$$

$$n_t = v n_{t-1} + (1-v) g_t^2 \qquad (8.34)$$

$$\widehat{m_t} = \frac{m_t}{1-\mu^t} \qquad (8.35)$$

$$\widehat{n_t} = \frac{n_t}{1 - v^t} \tag{8.36}$$

$$\Delta \theta_t = - \frac{\widehat{m_t}}{\sqrt{\widehat{n_t}} + \varepsilon} \tag{8.37}$$

式中，m_t，n_t 分别是对梯度的一阶矩和二阶矩估计，可以看作对期望 $E|g_t|$、$E|g_t^2|$ 的估计；$\widehat{m_t}$、$\widehat{n_t}$ 是对 m_t、n_t 的修正，可以近似为对期望的无偏估计。可以通过对梯度进行动态调整，使得 $\Delta \theta_t$ 对学习率形成一个动态约束。Adam 适用于大多非凸优化、大数据集和高维空间。

8.2 卷积神经网络

8.2.1 概述

卷积神经网络(Convolutional Neural Networks，CNN)是人工神经网络的一种，已成为当前语音分析和图像识别领域的研究热点。它的权值共享网络结构使之更类似于生物神经网络，降低了网络模型的复杂度，减少了权值参数的数量。该优点在网络输入是多维图像时表现得更为明显，使图像可以直接作为网络的输入，避免了传统识别算法中复杂的特征提取过程。卷积神经网络是为识别二维形状而特殊设计的一个多层感知器，这种网络结构对平移、比例缩放、倾斜等等变形具有高度不变性。

卷积神经网络受早期的时延神经网络(Time Delay Neural Network，TDNN)的影响，时延神经网络通过在时间维度上共享权值来降低学习复杂度，适用于语音和时间序列信号的处理[23]。

卷积神经网络是第一个真正成功训练多层网络结构的学习算法。它利用空间关系减少需要学习的参数数目，以提高一般反向传播算法的训练性能。在卷积神经网络中，图像作为层级结构的最底层的输入，信息依次传输到不同的层，每层通过一个数字滤波器去获得观测数据的最显著特征。该方法能够获取平移、缩放和旋转不变的观测数据的显著特征，因为图像的局部感受区域允许神经元或处理单元访问最基础的特征，例如，定向边缘或者角点。

卷积神经网络在深度学习中发挥了重要作用，是将研究大脑获得的深刻理解成功用于机器学习应用的关键例子，也是第一个表现良好的深度模型之一。卷积神经网络也是第一个解决重要商业应用的神经网络[30]。

第一个卷积神经网络是 1987 年由 Alexander Waibel 等提出的时延神经网络。时延神经网络是一个应用于语音识别问题的卷积神经网络，使用快速傅里叶变换预处理的语音信号作为输入，其隐含层由两个一维卷积核组成，以提取频率域上的平移不变特征。由于在时延神经网络出现之前，人工智能领域在反向传播算法(Back-Propagation，BP)的研究中取得了突破性进展，时延神经网络得以使用 BP 进行学习。在原作者的比较试验中，时延神经网络的表现超过了同等条件下的隐马尔可夫模型（Hidden Markov Model，HMM），而后者是 20 世纪 80 年代语音识别的主流算法。

1988 年，Wei Zhang 提出了第一个二维卷积神经网络——平移不变人工神经网络（Shift-Invariant Artificial Neural Networks，SIANN），并将其应用于医学影像检测。Yann LeCun 在 1989 年同样构建了应用于计算机视觉问题的卷积神经网络，即 LeNet 的最初版本。LeNet 包含两个卷积层、两个全连接层，共计六万个学习参数，规模远超 TDNN 和 SIANN，且在结构上与现代的卷积神经网络十分接近。LeCun 对权重进行随机初始化后使用了随机梯度下降算法进行学习。此外，LeCun 在论述其网络结构时首次使用了"卷积"一词，"卷积神经网络"也因此得名。

8.2.2 卷积运算

1. 卷积的基本原理

在机器学习的应用中，输入通常是多维数组的数据，核函数通常有多维数组参数并由学习算法优化，这些多维数组叫张量。我们经常在多个维度上进行卷积运算[31]。例如，把一张二维图像 I 作为输入，使用一个二维的卷积核 K，卷积过程可以表示为

$$S(i,j) = (I*K)(i,j) = \sum_m \sum_n I(m,n)K(i-m,j-n) \tag{8.38}$$

式（8.38）可以等价地写作

$$S(i,j) = (K*I)(i,j) = \sum_m \sum_n I(i-m,j-n)K(m,n) \tag{8.39}$$

通常式（8.39）在机器学习库中实现更为简单。

卷积运算可交换性的出现是因为我们将核相对输入进行了翻转。从 m 增大的角度来看，输入的索引在增大，但是核的索引在减小。我们将核翻转的唯一目的是实现可交换性，尽管可交换性在证明时很有用，但在神经网络的应用中却不是一个重要的性质。与之不同的是，许多神经网络库会实现一个相关的函数，称为互相关函数，和卷积运算几乎一样，但是并没有对核进行翻转，互相关函数如下：

$$S(i,j) = (K*I)(i,j) = \sum_m \sum_n I(i+m,j+n)K(m,n) \tag{8.40}$$

许多机器学习库实现的是互相关函数，但是称之为卷积。本书中，我们把两种运算都叫作卷积，在与核翻转有关的上下文中，我们会特别指明是否对核进行翻转。在机器学习中，一个基于核翻转的卷积运算学习算法所学得的核是对未进行翻转的算法所学得的核的翻转。单独使用卷积运算在机器学习中是很少见的，卷积经常与其他的函数一起使用。无论卷积运算是否对它的核进行了翻转，这些函数的组合通常是不可交换的。

2. 卷积的运算思想

卷积运算依据三个关键方法来改进神经网络模型，分别是稀疏交互（Sparse Interactions）、参数共享（Parameter Sharing）、等变表示（Equivariant Representations）。

1）稀疏交互

传统的全连接神经网络使用矩阵乘法来建立输入与输出的连接关系。其中，参数矩阵中的每个参数都描述了一个输入单元与一个输出单元的关系。这意味着网络需要训练的参数太多，因此需要一种小幅度降低网络性能、大幅度减少训练参数的算法。稀疏交互（也叫作稀疏连接或稀疏权重）是指卷积神经网络最后的全连接层与输入层之间的"间接连接"是非全连接的。多次卷积可以找出一种合理的连接，使输入图片分成各种"小区域"，这种"小区域"再作为全连接层的输入。例如，当处理一张图像时，输入图像可能包含成千上万像素点，但我们可以通过只占用几十到上百个像素点的核来检测有意义的特征，如图像的边缘。

2）参数共享

参数共享（也叫作权重共享）是指在一个模型的多个函数中使用相同的参数。在传统的神经网络中，当计算一层的输出时，权重矩阵的每一个元素只使用一次，当它乘以输入中的某个元素后就再不使用。在卷积神经网络中，核的每一个元素都作用在输入的每一个位置上。卷积运算中的参数共享保证我们只需学习一个参数集合，而不是对每个位置单独的参数集合都学习。这虽然没有改变前向传播的运行时间，但可以显著降低模型的存储需求。

3）等变表示

等变是指一个函数的输入和输出以同样的方式改变的性质。对于卷积，参数共享的特殊形式使得神经网络层具有对平移变换等变的性质。特别的是，如果函数 $f(x)$ 与 $g(x)$ 满足 $f(g(x))=g(f(x))$，我们就说 $f(x)$ 对于变换 g 具有等变性。对于卷积来说，如果令 g 是输入的任意平移函数，那么卷积函数对于 g 具有等变性。例如，令 I 表示一幅图像，g 表示图像函数的变换函数使得 $I'=g(I)$，函数 g 满足 $I'(x,y)=I(x-1,y)$。函数 g 把 I 中的每个像素向右移动一个单位。先对 I 进行这种变换然后进行卷积操作，与先对 I 进行卷积操作再对卷积结果进行这种变换，得到的结果是一致的[31]。

3. 可分离卷积的运算

现代卷积神经网络的应用通常需要包含超过百万个单元的网络。卷积等效于使用傅里叶变换将输入与核都转换到频域，执行两个信号的点乘，再使用傅里叶逆变换转换回时域。

当一个 d 维的核可以表示成 d 个向量（每一维一个向量）的外积时，该核被称为可分离的。当核可分离时，朴素的卷积是低效的，它可以等价于组合 d 个一维卷积。组合方法快于使用它们的外积来执行一个 d 维的卷积，并且核也只要更少的参数。如果核在每一维都是

w 个元素，那么朴素的多维卷积需要 $O(w^d)$ 的运行时间和参数存储空间，而可分离卷积只需要 $O(w \times d)$ 的运行时间和参数存储空间[31]。

设计更快的卷积或近似卷积而不损害模型准确性的方法，是一个活跃的研究领域。甚至仅提高前向传播效率的技术也是有用的，因为在商业应用中，通常部署网络比训练网络还要耗资源。

8.2.3　网络结构

卷积神经网络因其对于图像的缩放、平移、旋转等变换有着不变性，所以有着很强的泛化性。图 8-10 是一个图像识别的 CNN 模型示意图。

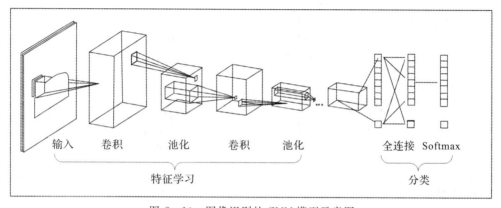

图 8-10　图像识别的 CNN 模型示意图

1. 基本组成

卷积神经网络的基本结构一般包括输入层、卷积层、池化层、全连接层和分类层。首先是输入层，即输入的图片等数据。以图片为例，输入层为一个 $32 \times 32 \times 3$ 的矩阵。3 代表 RGB 模式下一个图片由三个原色图叠合而成，通道数为 3；若是灰度图片，通道数为 1，输入层为一个 $32 \times 32 \times 1$ 的矩阵。接下来是卷积层(Convolution Layer)，我们把用来做卷积计算的部分称为过滤器(Filter)或卷积核(Kernel)。它的尺寸通常为 3×3 或 5×5。深度就是经过该卷积层后的输出通道数。在卷积层中，可以并行计算多个卷积产生一组线性激活响应，之后每一个线性激活响应将会通过一个非线性的激活函数。之后会通过池化层(也叫下采样层)，可以有效缩减矩阵的尺寸，进一步减少参数量。经过若干层卷积和池化之后，再经过全连接层和分类层，进行最后的分类。

2. 卷积层

卷积层是卷积神经网络的核心构建块之一，它负责将特定的卷积核应用于输入图像的每个子区域进行卷积运算。卷积层由多个特定的卷积核单元构成，每一个特定的卷积核权值都是经过反向传播算法学习得到的。在计算过程中，卷积核里的每个参数都可以看作传统神经网络里的参数，和相对应子区域的像素连接，把卷积核的权重和子区域中对应位置的像素值进行乘法后求和，一般还会加上偏置参数，从而计算出一个标量值。所有像素位置的标量值组合通常称为特征映射，如图 8-11 所示。例如，使用 12 个卷积核在每个像素位置上对 32×32 的图像进行卷积，那么将产生 12 个输出特征映射，每个大小为 32×32。卷积层的目的是得到图像中的多种特征，第一层的卷积层通常只是得到一些简单特征，比如边缘、线和角等；而层次更高的卷积则可以从低级特征中学习到更加高级的特征。

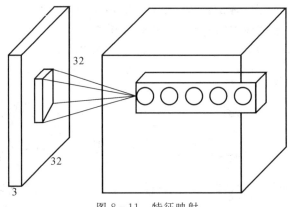

图 8-11　特征映射

3. 激活函数

激活函数运行时，激活神经网络中某一部分神经元将激活信息向后传入下一层的神经网络。神经网络之所以能解决非线性问题，本质上就是激活函数加入了非线性因素，弥补了线性模型的表达力，把"激活的神经元的特征"通过函数保留并映射到下一层。

激活函数不会更改输入数据的维度，也就是输入和输出的维度是相同的。激活函数包括平滑非线性的激活函数，如 Sigmoid、Tanh、Elu、Softplus 和 Softsign 等；也包括连续但不是处处可微的函数，如 ReLU、ReLU6、CReLU 和 ReLU_x，以及随机正则化函数 Dropout 等。上述激活函数的输入、输出均为与 x 维度相同的张量。常见的激活函数有 Sigmoid、Tanh、ReLU 和 Softplus 等。

1) Sigmoid 函数

这是传统神经网络中最常用的激活函数之一，如图 8-12(a)所示，对应的公式如下：

$$\sigma(x) = \frac{1}{1 + e^{-x}} \tag{8.41}$$

2) Tanh 函数

Tanh 函数具有软饱和性，它的输出以 0 为中心，收敛速度比 Sigmoid 要快，如图 8-12(b)所示，对应的公式如下：

$$\text{Tanh}(x) = \frac{1 - e^{-2x}}{1 + e^{-2x}} \tag{8.42}$$

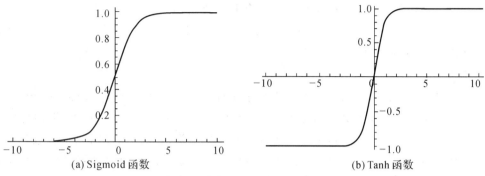

(a) Sigmoid 函数　　　　　(b) Tanh 函数

图 8-12　Sigmoid 函数与 Tanh 函数

3）ReLU 函数

ReLU 函数是目前最受欢迎的激活函数。Softplus 可以看作 ReLU 的平滑版本。ReLU 定义为 $f(x) = \max(x, 0)$，Softplus 定义为 $f(x) = \log(1 + \exp(x))$。

由图 8-13 可见，ReLU 在 $x < 0$ 时硬饱和。由于 $x > 0$ 时导数为 1，所以 ReLU 能够在 $x > 0$ 时保持梯度不衰减，从而缓解了梯度消失的问题，还能够更快地收敛，并提供了神经网络的稀疏表达能力。但是，随着训练的进行，部分输入会落到硬饱和区，导致对应的权重无法更新，称为"神经元死亡"。

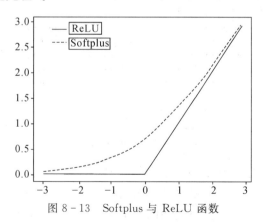

图 8-13　Softplus 与 ReLU 函数

当输入数据特征相差明显时，用 Tanh 的效果更好，且在循环过程中会不断扩大特征效果并显示出来。当特征相差不明显时，Sigmoid 效果比较好。用 Sigmoid 和 Tanh 作为激活函数时，需要对输入进行规范化，否则激活后的值会全部都进入平坦区，隐层的输出会全部趋同，丧失原有的特征表达。ReLU 有时可以不需要输入规范化来避免上述情况，因此，现在大部分的卷积神经网络都采用 ReLU 作为激活函数。

4）Dropout 函数

在 Dropout 函数中，一个神经元将以一定概率决定是否被抑制。如果被抑制，该神经元的输出就为 0；如果不被抑制，那么该神经元的输出值将被放大到原来的 1/keep_prob 倍（keep_prob 为不被抑制的比率）。

4. 池化

卷积神经网络中的池化实际上是一个向下采样的操作。池化函数使用某位置的相邻的总体统计特征来代替网络在该位置的输出，如最大池化函数（Max Pooling）、平均池化函数（Average Pooling）。图 8-14 所示为最大池化操作。不管采用什么样的池化函数，当输入做出少量平移时，池化能够帮助输入的表示近似不变。池化操作中的局部平移不变性是很有用的性质，尤其是当我们关心某个特征是否出现而不关心它出现的具体位置时。

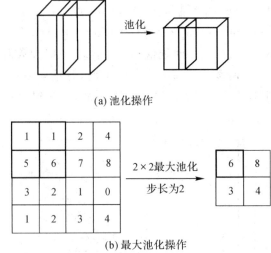

(a) 池化操作

(b) 最大池化操作

图 8-14　池化和最大池化

很多任务中，池化对于处理不同大小的输入具有重要作用。例如，我们想对不同大小的图像进行分类时，分类层的输入必须是固定的大小，而这通常通过调整池化区域的位置大小来实现，这样分类层总是能接收到相同数量的统计特征而和最初的输入大小无关。

5. 结构化输出

卷积神经网络可以用于输出高维的结构化对象，而不仅仅是预测分类任务的类标签或回归任务的实数值。通常这个对象只是一个张量，由标准卷积层产生。例如，模型可以产生张量 S，其中 $S_{i,j,k}$ 是网络的输入像素 (j,k) 属于类 i 的概率。

经常出现的问题是输出尺寸可能比输入尺寸要小。例如，用于图像中对单个对象分类的常用结构，它的网络空间维数的最大减少来源于使用大步幅的池化层。为了产生与输入大小相似的输出映射，我们可以避免把池化放在一起。另一种策略是单纯地产生一张低分辨率的标签网格[31]。

本 章 小 结

深度学习技术以其无与伦比的自学习能力，在诸多视觉应用中都取得了举世瞩目的成果。本章首先介绍了深度学习的基础知识，包括神经元、感知器、前向传播、后向传播等；然后针对图像处理介绍了卷积神经网络，包括卷积运算和网络结构基本组成等。基于深度学习与神经网络的图像处理技术，使得更加复杂的图像处理应用成为可能。

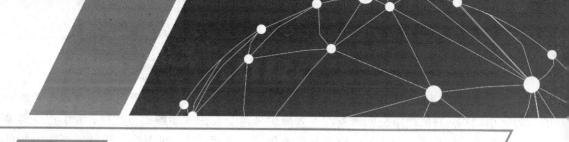

第9章 基于卷积神经网络的图像处理

9.1 典型的卷积神经网络架构

卷积神经网络已经广泛应用到计算机视觉、自然语言处理、信息检索、语义理解等多个领域，在工业界和学术界掀起了神经网络研究的浪潮，促进了人工智能的发展。设计一个完美的 CNN 架构需要大量的实验和一定的计算能力，当前有很多 CNN 架构已经被证实有良好的性能，这些典型的 CNN 架构包括 AlexNet、VGGNet、Inception、ResNet、SSD、MobileNet、R-CNN 系列、YOLO 系列、SSD、FCN 和 DeepLab 系列等，本节将讨论这些CNN 架构。

9.1.1 AlexNet

AlexNet 是 CNN 在大规模图像分类中广泛使用的最早架构之一，是 2012 年 ILSVRC 图像分类和物体识别算法的优胜者，也是 LetNet-5 之后受到人工智能领域关注的现代卷积神经网络算法。AlexNet 在 LeNet 的基础上加深了网络结构的设计，有助于学习更丰富更高维的图像特征。

AlexNet 隐含层由 5 个卷积层、3 个池化层和 3 个全连接层组成，如图 9-1 所示。

AlexNet 的特点包括：

(1) 更深的网络结构，即使用层叠的卷积层来提取图像特征。

(2) 使用重叠的最大池化代替平均池化，避免平均池化的模糊化效果，并且池化层的输出之间会有重叠和覆盖，提升了特征表达能力。

(3) 使用 Dropout 抑制，随机丢掉一些神经元，有效防止过拟合。

(4) 使用数据增强抑制过拟合，提升泛化能力。

(5) 使用 ReLU 作为 CNN 的激活函数，提升网络训练速度，并验证其效果在较深的网络超过了 Sigmoid，成功解决了 Sigmoid 在网络较深时的梯度弥散问题。

(6) 提出了局部响应归一化层(Local Response Normalization，LRN)，对局部神经元

的活动创建竞争机制，使得其中响应比较大的值变得相对更大，并抑制其他反馈较小的神经元，增强模型的泛化能力。

（7）在 CNN 中使用 CUDA 加速深度卷积网络训练。

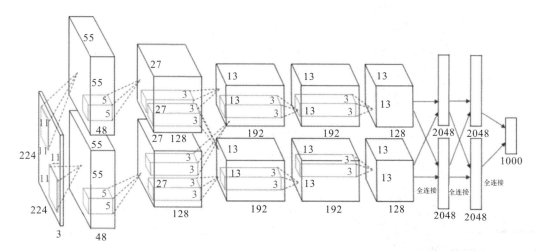

图 9-1　AlexNet 网络结构

9.1.2　VGGNet

2014 年，牛津大学计算机视觉组（Visual Geometry Group，VGG）和 Google DeepMind 公司的研究员一起研发出了新的深度卷积神经网络 VGGNet[32]，并取得了 ILSVRC 2014 比赛分类项目的第二名（第一名是 GoogLeNet，也是同年提出的）和定位项目的第一名。

VGGNet 探索了卷积神经网络深度与其性能之间的关系，成功构筑了 16～19 层深的卷积神经网络，证明增加网络的深度能够在一定程度上影响网络最终的性能，错误率大幅下降，同时拓展性又很强，迁移到其他图片数据上的泛化性也非常好[33]。到目前为止，VGGNet 仍然被用来提取图像特征。VGGNet 可以看成是加深版本的 AlexNet，都是由卷积层、全连接层两部分构成，以网络结构 VGG16 为例，其网络架构如图 9-2 所示。

VGGNet 有以下特点：

（1）对卷积核和池化大小进行了统一，即统一使用 3×3 卷积核和 2×2 最大池化操作。

（2）采用卷积层堆叠的方式，即将多个连续的卷积层构成卷积层组，卷积组可以提高感受野范围，增强网络的学习能力和特征表达能力。

（3）采用具有多个小卷积核的卷积层串联的方式能够减少网络参数。

（4）卷积层特征图的空间分辨率单调递减，通道数单调递增。

第 9 章　基于卷积神经网络的图像处理

161

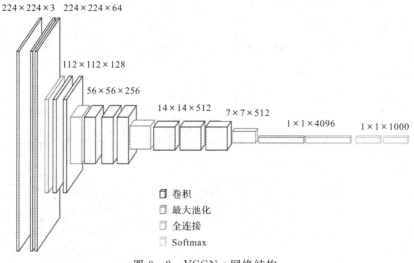

图 9 - 2　VGGNet 网络结构

9.1.3　Inception

Inception[34]网络结构是由 GoogleNet 团队提出的，它是一种"基础神经元"结构，其主要思想是用密集成分来近似最优的局部稀疏结构，使其既能保持网络结构的稀疏性，又能利用密集矩阵的高计算性能。它历经了 V1、V2、V3 等多个版本的发展，不断趋于完善。Inception 网络结构如图 9 - 3 所示。

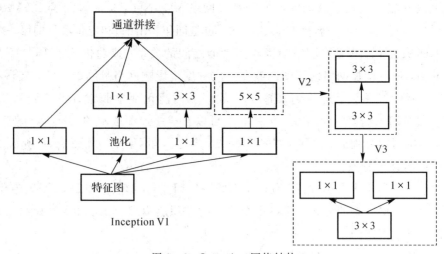

图 9 - 3　Inception 网络结构

Inception 结构将 CNN 中常用的卷积(1×1，3×3，5×5)、池化操作(3×3)堆叠在一起，一方面增加了网络的宽度，另一方面也增加了网络对尺度的适应性。Inception V1 在 3×3 卷积核前、5×5 卷积核前、最大池化操作后分别加上了 1×1 的卷积核，以起到降低特征图通道的作用。

Inception V2[35]解决了训练深度神经网络的一个难点。一旦网络某一层的输入数据的分布发生改变，那么这一层网络就需要去适应学习这个新的数据分布。Inception V2 架构对数据做 BatchNorm 归一化，它还把 5×5 的卷积改成了两个 3×3 的卷积并串联，第一层是卷积，第二层相当于全连接，这样既可以增加网络的深度，又减少了参数。

Inception V3[35]引入了因子分解的思想，它将 $n×n$ 的卷积核替换成 $1×n$ 和 $n×1$ 的卷积核堆叠，还利用平行的池化与卷积来进行特征图尺寸缩小，减少计算量。另外，还使用标签平滑(添加到损失公式的一种正则化项)，来阻止网络对某些类别的过分表示，以免过拟合。

9.1.4 ResNet

ResNet(Residual Neural Network)[36]由微软研究院的何凯明等人提出，通过使用残差单元成功训练出了 152 层的神经网络，并在 ILSVRC 2015 比赛中取得冠军。ResNet 网络引入了残差学习的概念，解决了随着网络层数的加深，出现分类性能的饱和甚至下降的问题。

若将输入设为 X，网络层设为 H，那么以 X 为输入的此层的输出将为 $H(X)$。一般的 CNN 网络如 AlexNet/VGG 等会直接通过训练学习出参数函数 H 的表达，从而直接学习 $X→H(X)$。残差学习使用多个有参网络层来学习输入、输出之间的残差，即学习 $X→(H(X)-X)+X$。其中 X 这一部分为直接的恒等映射，而 $F(X)=H(X)-X$ 则为网络层要学习的输入输出之间的残差。残差学习这一思想的基本表示如图 9-4 所示。

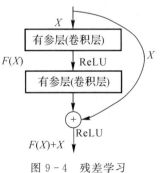

图 9-4 残差学习

将残差学习应用在 CNN 模型的构建当中，于是就有了基本的残差学习块。它通过使用多个有参层来学习输入输出之间的残差表示，而非像一般 CNN 网络(如 AlexNet/VGG 等)那样使用有参层来直接尝试学习输入、输出之间的映射。实验表明，使用一般意义上的有参层来直接学习残差比直接学习输入、输出间映射要容易得多，且收敛速度更快，可通过使用更多的层来达到更高的分类精度。将残差学习应用到 CNN 模型中就是 ResNet，它的结构可以极快的加速神经网络的训练，模型的准确率也有比较大的提升。

9.1.5 MobileNet

谷歌在 2017 年提出了 MobileNet V1[37]。它最大的创新点是提出了深度可分离卷积，从而可进行模型压缩和速度提升。深度可分离卷积将传统卷积的两步进行分离，分别是深度卷积和逐点卷积。

从图 9-5 中可以看出，特征图先按照通道进行按位相乘计算，此时通道数不改变；然后将第一步的结果使用 1×1 的卷积核进行传统的卷积运算，此时通道数可以改变。

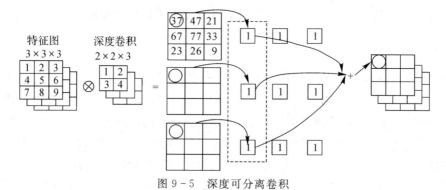

图 9-5　深度可分离卷积

总的来说，MobileNet 有如下几个亮点：

（1）深度卷积后接 BN 层和 ReLU，逐点卷积后也接 BN 层和 ReLU。深度可分离卷积结构增加了模型的非线性变化，增强了模型的泛化能力。

（2）MobileNet 中使用了 ReLU6 作为激活函数，公式如式(9.1)，该激活函数在 Float16/Int8 的嵌入式设备中效果很好，能较好地保持网络的鲁棒性。

$$\text{ReLU6}(x) = \min(\max(0, x), 6) \tag{9.1}$$

（3）MobileNet 使用了 2 个超参，宽度乘子 α 和分辨率乘子 β，通过式(9.1)可以进一步缩减模型，动态加大深度、宽度、分辨率来提高网络的准确率。

9.1.6 R-CNN

R-CNN 系列（R-CNN、SPP-Net、Fast R-CNN[38] 以及 Faster R-CNN[39]）是用深度学习的方法做目标检测。目标检测就是在给定的图片中精确找到物体的所在位置，并标注出物体的类别。目标检测系统一般由三个模块构成：第一个是候选区域生成模块，它用来产生与类别无关的候选检测区域的集合；第二个用于从每个区域抽取特定大小特征向量的卷积神经网络；第三个是一个指定类别的线性 SVM。

1. R-CNN

R-CNN(Region-CNN)是将 CNN 方法应用到目标检测问题上的一个里程碑，由 Ross B. Girshick 在 2014 年提出，如图 9-6 所示。R-CNN 借助 CNN 良好的特征提取和分类性能，通过传统的区域提取方法来实现目标检测。

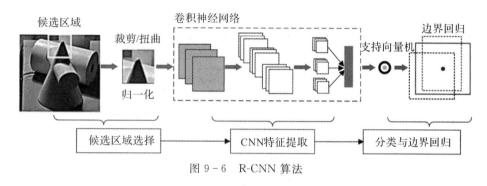

图 9-6 R-CNN 算法

R-CNN 算法可以分为三步：

(1) 候选区域选择：使用传统的区域提取方法，通过不同宽高的滑动窗口的滑动获得潜在的目标图像，然后对提取的目标图像进行归一化，得到的结果作为 CNN 的标准输入。

(2) CNN 特征提取：根据输入进行卷积/池化等操作，可以得到固定维度的输出。

(3) 分类与边界回归：实际包含两个子步骤，一是对上一步的输出向量进行分类(需要根据特征训练分类器)；二是通过边界回归(Bounding-Box Regression)得到精确的目标区域。由于实际目标会产生多个子区域，该过程旨在对完成分类的前景目标进行精确的定位与合并，避免多个检出。

2. SPP-Net

SPP-Net(Spatial Pyramid Pooling Network)是空间金字塔池化层，如图 9-7 所示。

SPP-Net 的特点有两个：

(1) 结合空间金字塔方法实现 CNN 的多尺度输入。SPP-Net 在最后一个卷积层后，接入了金字塔池化层，保证传到下一层全连接层的输入固定。ROI 池化层一般跟在卷积层后面，此时网络的输入可以是任意尺度的。在 SPP 中每一个池化层的卷积核会根据输入调整大小，而 SPP 的输出则是固定维数的向量，然后给到全连接层。

(2) 只对原图提取一次卷积特征。在 R-CNN 中，每个候选框先缩放到统一大小，然后分别作为 CNN 的输入，该过程效率较低。而 SPP-Net 只对原图进行一次卷积操作，即可得到整张图的卷积特征；然后找到每个候选框在特征图上的映射块，将此块作为每个候选框的卷积特征输入到 SPP 层及后续的层，完成特征提取。可以看出，R-CNN 要对每个区域计算卷积，而 SPP-Net 只需要计算一次卷积，节省了大量的计算时间。

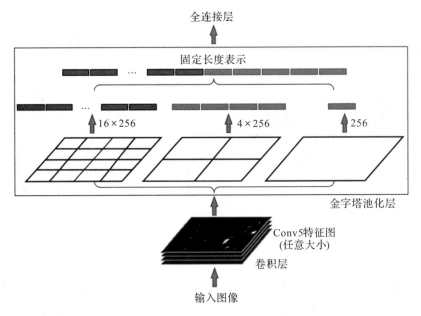

图 9-7 空间金字塔池化结构

3. Fast R-CNN

Fast R-CNN 主要贡献在于对 R-CNN 进行加速，其算法步骤如图 9-8 所示。

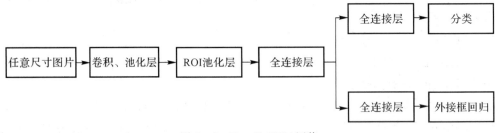

图 9-8 Fast R-CNN 网络

Fast R-CNN 在以下两方面进行了改进：

（1）借鉴 SPP 思路，提出简化版的 ROI 池化层。ROI 池化层去掉了 SPP 的多尺度池化，直接用 $M \times N$ 的网格将每个候选区域均匀分成 $M \times N$ 块，对每个块进行最大池化操作，从而将特征图上大小不一的候选区域转变为大小统一的特征向量，送入下一层。同时，加入了候选框映射功能，将开始得到的坐标信息通过一定的映射关系转换为对应特征图的坐标,截取对应的候选区域,经过 ROI 层后提取固定长度的特征向量,送入全连接层。这使得网络能够反向传播,解决了 SPP 的整体网络训练问题。

(2) 多任务损失层,将分类和边框回归进行合并,通过多任务损失层进一步整合深度网络,统一了训练过程,从而提高了算法准确度。

4. Faster R-CNN

Faster R-CNN 是在 Fast R-CNN 基础上提出了 RPN(Region Proposal Network)候选框生成算法,使得目标检测速度大大提高。RPN 网络的特点在于通过滑动窗口方式实现候选框的提取,在每个滑动窗口位置生成 9 个候选窗口(不同尺度、不同宽高),然后提取对应 9 个候选窗口的特征,用于目标分类和边框回归。目标分类只需要区分候选框内特征为前景或者背景。基本网络结构如图 9-9 所示。

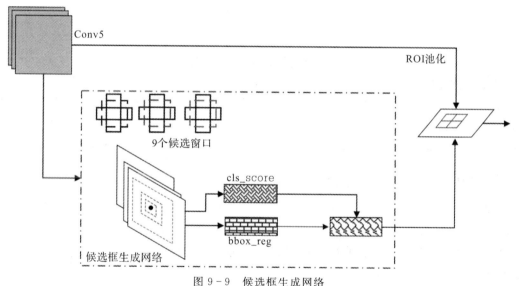

图 9-9 候选框生成网络

9.1.7 YOLO

YOLO[40] 是 Ross Girshick 针对目标检测速度问题提出的另外一种框架,在它之前出现的检测框架主要是 R-CNN 系列。这一类方法被称为 Two Stage 的方法,首先,它预先回归一次边框,然后再进行骨干网络训练,所以精度高,但也导致这类方法在速度方面还有待改进。YOLO 系列方法只做了一次边框回归和打分,所以相比于 R-CNN 系列被称为 One Stage 的方法,这类方法的最大特点就是速度快。

YOLO V1 的核心思想就是利用整张图作为网络的输入,直接在输出层回归 bounding box(边界框)的位置及其所属的类别。基于回归的目标检测框架的 YOLO V1 的网络结构如图

9-10所示，其中，卷积层主要用来提取特征，全连接层主要用来预测类别概率和坐标。

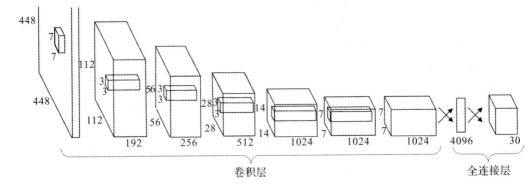

图 9-10　YOLO V1 网络结构

YOLO V1 速度快，泛化能力强，可以广泛应用于多种场景，同时背景预测错误率低。但是 YOLO V1 精度低，小目标和邻近目标检测效果差，对于新的不常见的角度无法识别，容易产生物体定位错误。

YOLO V2[41]（又称 YOLO 9000）提出了一种新的分类模型 DarkNet-19，用全局平均池化替代全连接做预测分类。YOLO V2 还引入 Faster R-CNN 中 Anchor Box 的思想。相比 YOLO V1，YOLO V2 在识别种类、精度、速度和定/位准确性等方面都有一定的提升。

9.1.8　SSD

SSD[42]（Single Shot MultiBox Detector）是继 R-CNN 系列、YOLO 之后的一种目标检测算法。R-CNN 系列在目标检测上取得了非常好的效果，精度高，但在速度方面还有待改进。YOLO V1 网络虽然能达到实时的效果，但它对目标的尺度比较敏感，而且对于尺度变化较大的物体泛化能力比较差。

SSD 的整体框架如图 9-11 所示，其将整个检测过程整合为一个单通道深度神经网络。它针对 YOLO 和 Faster R-CNN 的各自不足与优势做了改进，关键点如下：

（1）在多层多尺度特征图上进行检测。借助于低层特征图具有的细节信息，高层特征图中具有高级语义信息，SSD 提出同时利用低层特征图和高层特征图进行检测。其基础网络是 VGG-16，把最后两层全连接层换成了卷积层，又添加了 4 层卷积层，如此就得到了多层次的特征图。

（2）采用默认候选区域方式。SSD 借鉴 RPN 网络中的 Anchor Box 概念，首先将特征图划分为小格子特征图 Cell，再在每个 Cell 中设置一系列不同长宽比的默认候选区域。

（3）采用卷积预测。在做默认候选区域回归时，SSD 借鉴了 Faster R-CNN 的 RPN 网络，将全连接层换成 3×3 的卷积。

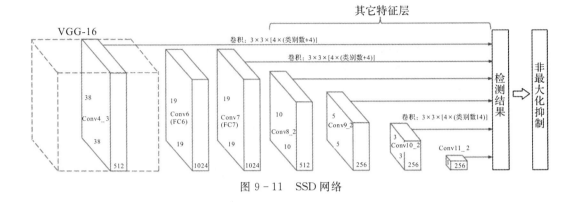

图 9-11 SSD 网络

9.1.9 FCN

传统基于 CNN 的分割方法通常为了对一个像素分类，会使用该像素周围的一个图像块作为 CNN 的输入，用于训练和预测。这种方法有几个缺点：一是存储开销很大。例如，对每个像素使用的图像块大小为 15×15，则所需的存储空间为原来图像的 225 倍。二是计算效率低下。相邻像素块基本上是重复的，针对每个像素块逐个计算卷积，这种计算重复性大。三是像素块大小限制了感知区域的大小。通常像素块的大小比整幅图像要小很多，只能提取一些局部特征，因此导致分类的性能受到限制。

FCN[43] (Fully Convolutional Networks) 将传统 CNN 中的全连接层转化成卷积层。该网络试图从抽象的特征中恢复出每个像素所属的类别，即从图像级别的分类进一步延伸到像素级别的分类，因此 FCN 常用于图像分割。

FCN 所有的层都是卷积层，经过多次卷积和池化操作后，得到的图像越来越小，分辨率越来越低（粗略的图像），为了从这个分辨率低的粗略图像恢复到原图的分辨率，FCN 使用了上采样。上采样通过反卷积 (Deconvolution) 实现。图 9-12 为 FCN 卷积和反卷积上采样的过程。

与传统用 CNN 进行图像分割的方法相比，FCN 有两大明显优点：一是可以接受任意大小的输入图像，不用要求所有的训练图像和测试图像具有同样的尺寸；二是避免了使用像素块带来的重复存储和计算卷积的问题，更加高效。

另外 FCN 的缺点也比较明显：一是得到的结果不够精细，进行 8 倍上采样虽然比 32 倍的效果好了很多，但是上采样的结果还是比较模糊，对图像中的细节不敏感。二是对各个像素都进行了分类，没有充分考虑像素与像素之间的关系，忽略了在通常的基于像素分类的分割方法中使用的空间规整步骤，缺乏空间一致性。

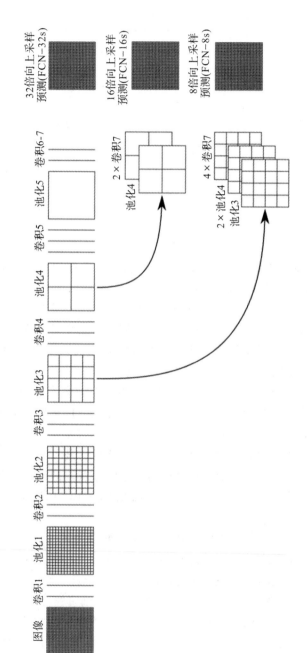

图9-12 反卷积上采样过程

9.1.10　DeepLab

DeepLab V1[44]是基于 VGG-16 的结构，结合 FCN 的分割思想，实现像素级别分类的一种网络。

DeepLab V1 有以下两大特点：

（1）忽略下采样过程，使用空洞卷积以增加感知范围。如图 9-13 所示，在同样的卷积核大小下，通过增加输入步长（也就是空洞因子或者膨胀因子）可以增大卷积核的感受野。

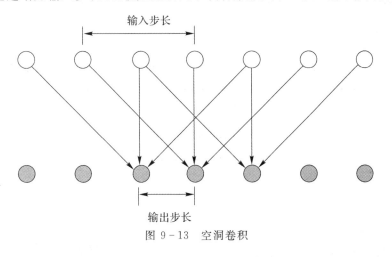

图 9-13　空洞卷积

（2）使用 Fully Connected CRF。CRF 条件随机场的能量函数中包括数据项和平滑项两部分，数据项与各个像素属于各类别的概率有关，平滑项控制像素与像素间类别的一致性。传统 CRF 的平滑项只考虑相邻像素类别的关联性，而全连接 CRF 将图像中任意两个像素之间的类别关联性都考虑进来。

DeepLab V2 是在 V1 上进行改进的，将 VGG-16 换成 ResNet。由于同一类物体在图像中可能有不同的比例，受 SPP-Net 的启发，DeepLab V2 提出了一个类似结构，并行采用多个采样率的空洞卷积提取特征，再将特征进行融合，该结构称为 ASPP（Atrous Spatial Pyramid Pooling）。该结构能考虑不同的物体比例，提高准确性。ASPP 结构如图 9-14 所示。

DeepLab V3[45]为了解决多尺度下的目标分割问题，使用空洞卷积级联或不同采样率的空洞卷积并行架构，在级联和金字塔池化框架下也能扩大感受野，提取多尺度信息。另外 DeepLab V3 没有使用条件随机场。同时，DeepLab V3 改进了 ASPP 模块，该模块可以获取多个尺度上的卷积特征，进一步提升性能。ASPP 改进后的结构如图 9-15 所示。

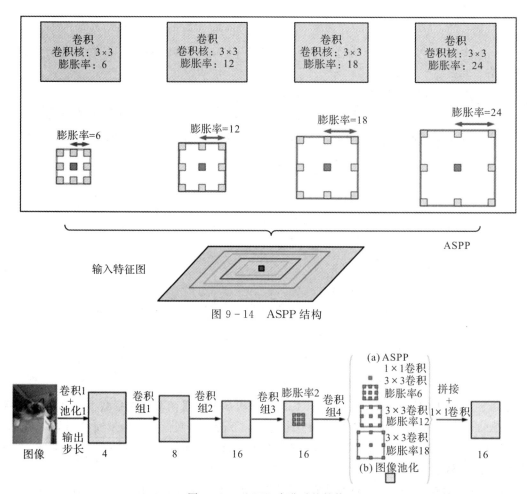

图 9-14 ASPP 结构

图 9-15 ASPP 改进后的结构

9.2 基于卷积神经网络的图像处理

卷积神经网络的权值共享特点使之更类似于生物神经网络,其降低了网络模型的复杂度,减少了权值的数量。在网络输入是多维图像时,CNN 的优点表现得更为明显,使图像可以直接作为网络的输入,避免了传统识别算法中复杂的特征提取和数据重建过程。CNN 在二维图像处理上有众多优势,如网络能自行抽取图像特征,包括颜色、纹理、形状及图像的拓扑结构,特别是在识别位移、缩放及其他形式变换不变性的应用上,具有良好的鲁棒性和运算效率等。CNN 的泛化能力要显著优于其他方法,已被应用于图像分类、目标检测、图像分割等方面[23]。

9.2.1 图像分类

图像分类是指根据各自在图像信息中所反映的不同特征，把不同类别的目标区分开来的图像处理方法[46]。进行特征提取时，卷积神经网络与传统的浅层神经网络相比较而言，结构层次更为复杂，每两层神经元之间就要利用局部连接的方式进行连接，促使神经元共享连接权重与时间、空间采样。由此来看，卷积神经网络与传统神经网络相比维度降低了，从而缩短了计算时间。卷积神经网络运行主要划分为两个部分，即卷积与采样，运行中分别为上层数据产生抽象提取，实现数据维度的降低。

下面列举一个图像分类的应用案例。姜波[47]等人将 CNN 应用到对苹果的农药残留检测上，其检测系统如图 9-16 所示。该检测系统只需要少量的检测样本就可以快速、有效、低成本、无接触地对未知农药残留类别进行匹配和预测。

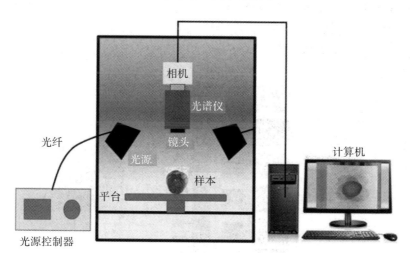

图 9-16 苹果农药残留检测系统

苹果农药残留检测系统以样品中苹果农药残留量的等级数作为匹配数、类别或识别模式，苹果农药残留的高光谱数据被用作苹果农药残留检测系统的输入。AlexNet 是一个网络结构相对较浅的 CNN 网络，训练时间快，并且能够从光谱数据中有效提取特征信息，能够满足苹果农药残留检测系统对 CNN 网络架构的要求。

农药残留检测算法流程如图 9-17 所示。首先利用机器视觉技术对苹果图像进行高光谱预处理，根据苹果的高光谱图像及其直方图统计信息，通过掩模获取苹果 ROI 图像；然后将经过机器视觉技术处理后的数据输入 AlexNet 网络中进行分类训练。

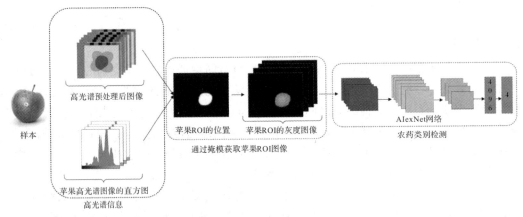

图 9-17　苹果农药残留检测算法流程

　　提取的苹果高光谱图像调整到 $227 \times 227 \times 3$ 的尺寸，作为 AlexNet 网络农药残留检测的输入。图 9-18 所示为 AlexNet 网络各层的特征图，a 为输入层，b 为卷积层，c 为最大池化层，d 为卷积层，e 为最大池化层，f 为省略的中间层，g 为全连接层。

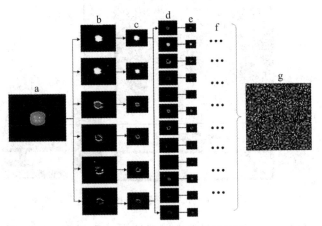

图 9-18　AlexNet 各层的特征图

　　通过将图 9-18 中的输入图像与卷积层 b 得到的图像进行对比，我们可以看到，卷积层 b 中的 96 个卷积核提取出了图像的轮廓、明暗像素区域等特征。由于得到的图像特征具有平滑效果，因此可以认为输入图像经过卷积核进行了 96 次卷积，每次卷积运算都可以提高网络的抗干扰能力。使用最大池化层 c 对卷积层 b 得到的图像特征进行池化操作，中间层 f 包括 3 个卷积层和 2 个最大池化层，全连接层 g 将提取的图像特征全部连接起来。该操作可以减少网络参数，提取图像的主要特征信息，从而达到更好的检测效果。

9.2.2　目标检测

从人类视觉来说，我们可以清楚地看到一张图片中的物体和它们所处的位置。给定一张图像，找出图像中所有目标的位置，并给出每个目标的具体所属类别，这一过程便是图像目标检测[48]。

近年来，深度学习在图像检测领域的检测精度足以与人类的双眼相媲美。PASCAL VoC 数据集上目标检测平均精度（Mean Average Precision，MAP）从 R-CNN 的 53.3% 发展到 Faster R-CNN 的 75.9%，而今最新的检测精度已经超过了 85%。其检测速度也得到进一步突破，从最初 R-CNN 的一帧图像需要数秒，到 Faster R-CNN 的 200 ms 左右一帧，再到 YOLO 的超实时 200 帧/秒，深度学习让图像检测真正走进了实际工程项目中[48]。

下面介绍一个基于目标检测网络的缺陷检测系统。

"2018 广东工业智造大数据创新大赛"分为智能算法赛和应用创新赛两大赛场。"Are you ok?"团队参加的智能算法赛项目，以"铝型材表面瑕疵识别"为主题，要求在给定的图片中定位出铝材缺陷的位置，并准确识别缺陷的类型，这在计算机视觉中是一个极具挑战性的质检问题。图 9-19 所示是主办方所提供的一些缺陷图片。从图中可以看到，脏点的占比面积特别小，喷流与背景相似，几乎用肉眼看不出来，擦花的结构很不规则。

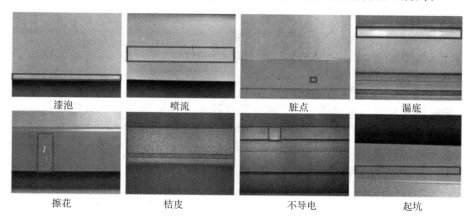

图 9-19　铝材表面的瑕疵

该缺陷检测系统选用二阶检测器 Faster R-CNN 作为基本架构，充分挖掘了比赛数据的特性，针对性地改进网络的结构，是一个同时兼顾效率和精度的缺陷识别方案。该缺陷检测系统的特点如下：

1. 特征金字塔结构（Feature Pyramid Network，FPN）

为了减少计算开销，该系统将图片缩小为原来的 1/2 后作为网络的输入。主干网络选取 ResNet-101，在整个卷积过程中，提取到的特征大小为输入图片的 1/16。之后每一个候选框特征会被缩放到 7×7，因此数据集中边长小于等于 32 的样本缩放之后的特征是不具有判别力的。而这类小样本占了整个数据集的 10％，这会严重地影响性能。因此，系统采用特征金字塔结构来对网络进行改进以解决该问题，低层的特征经过卷积、上采样操作之后和高层的信息进行融合，以增强特征的表达能力。另外，将候选框产生和提取特征的位置分散到特征金字塔的每一层，增大了小目标的特征映射分辨率。特征金字塔结构如图 9-20 所示。

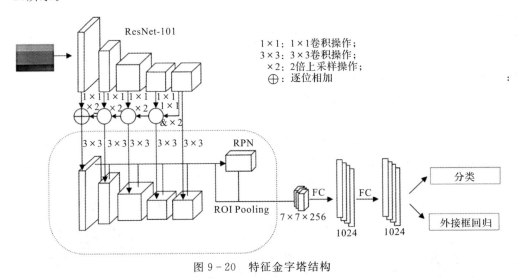

图 9-20　特征金字塔结构

2. 可变形卷积(Deformable Convolution)

由于铝材的瑕疵有很多是条状的，传统正规的正方形结构的卷积对这种形状的缺陷的处理能力还不够强，因此采用可变形卷积，在卷积计算过程中自动地计算每个点的偏移，从而从最合适的地方进行卷积。如图 9-21 所示，右边的示意图大致描述了可变形卷积的过程，它能够让卷积的区域尽可能地集中在缺陷上。

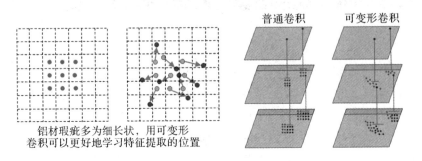

图 9-21　可变形卷积

3. ROI 上下文信息（Contextual ROI Pooling）

Faster R-CNN 是首先生成候选框，然后用框内部的信息来精调候选框。但是，初始候选框势必会有偏大或者偏小的情况，如图 9-22 所示。图 9-22(a)是初始候选框（实线框）偏大的情况，图 9-22(b)是初始候选框偏小的情况。因此，在提取 ROI 特征的时候，引入了上下文信息，该操作叫作 Contextual ROI Pooling。具体实现过程是：把整张图片作为一个 ROI，用同样的 ROI Pooling 提取全局的特征，然后跟每一个候选框的特征相加，再进行后面的分类和回归操作。

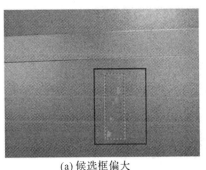

(a)候选框偏大　　　　　　　　(b)候选框偏小

图 9-22　初始候选框

9.2.3　图像分割

图像是由众多像素点组成的矩阵，而图像分割就是将像素按照图像中表达语义的不同进行分组（Grouping）或分割（Segmentation），即对图像上的每一个像素点进行分类[28]。换句话说，图像分割能够对物体进行像素级别的分类，精细切割出物体所在的像素位置。

图像分割也受目标检测的影响，早期思路与目标检测相似，就是先利用传统视觉的分割方法处理，得到 Patch 级的分割结果，然后用 CNN 网络训练一个特征学习和分类器，把分割的 Patch 进行分类，从而得到分割结果。目前的做法逐渐抛弃了这一思路，朝着直接使用卷积网络训练得到分割预测结果的方向发展。总体而言，图像分割是比目标检测更加深层次的图像理解。

下面介绍一个基于图像分割网络实现的缺陷检测系统。

Domen Tabernik[49]等人基于图像分割网络，实现了一个高效与准确的缺陷检测系统，如图 9-23 所示。该网络只需要 20~30 个样本训练量就可以达到很好的效果，避免了网络训练需要收集成千上万样本的成本问题。

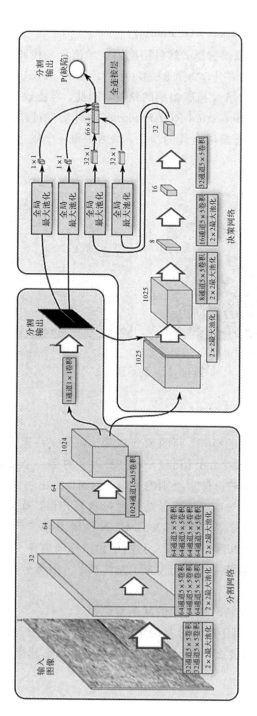

图9-23 分割-决策网络架构

该系统认为表面缺陷检测可以被理解为一个图像二值分割问题，通过语义分割网络实现图像像素级别的分割，然后把分割结果作为输入特征构建决策部分。下面对分割网络部分和决策网络部分进行详细介绍。

1. 分割网络

分割网络包含了 11 个卷积层与 3 个池化层，在每个卷积层后面跟上一个 BN 层与 ReLU激活层(卷积层＋BN＋ReLU)，用来优化学习加速收敛。除了最后一层卷积核大小为 15×15，所有的卷积层都采用 5×5 大小的卷积核，最后会使用 1×1 的卷积得到的图像大小是一个单通道的、原图八分之一大小的掩码图像。这样的网络架构有能力在高分辨率图像实现很小的缺陷检测，网络具备比较大的感受野，同时可以实现比较小的特征捕获(像素级分割)。其中，网络的下采样在高层通过大卷积核(15×15)的目的是增大感受野以及之前层采用的多个卷积核与下采样最大池化层的作用。

2. 决策网络

决策网络用分割网络的输出作为输入，使用分割网络的最后一个卷积层 1024 个通道数据与掩码通道合并得到 1025 个通道数据作为输入特征，采用最大池化层＋卷积层(5×5 的卷积核)的方式，最后通过全局最大池化与均值池化输出生成 66 个输出向量。其中，网络采用三次最大池化层，使其有能力应对大而复杂的形状。对输入不仅采用最后一层卷积层特征，还把掩码数据作为输入，最终输出 66 个特征向量，有效地解决了过拟合与全卷积特征参数过多的问题，降低了网络的复杂性。

模型选用带有标注的表面缺陷数据集(KolektorSDD，如图 9－24 所示)进行训练和测试。若干个模型的检测效果对比如图 9－25 所示。

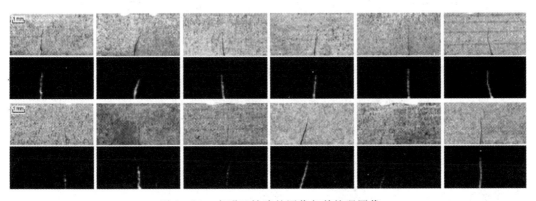

图 9－24　有明显缺陷的图像与其掩码图像

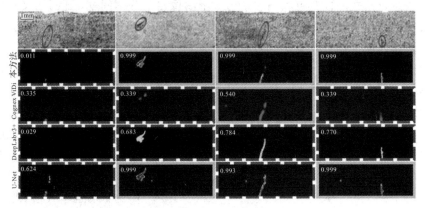

图 9 - 25　检测效果对比

本 章 小 结

　　本章首先介绍了用于图像分类、目标检测、图像分割的典型卷积神经网络架构；然后针对图像分类、目标检测、图像分割等图像处理应用，分别阐述了基于卷积神经网络的算法实现，为从卷积神经网络的理论学习到工业视觉检测的应用实践架起了认知的桥梁。与传统的机器视觉算法相比，基于卷积神经网络的图像处理应用同样需要针对待检测目标进行算法架构与检测流程设计。

下篇
智能视觉应用

第10章

智能视觉开发平台

10.1 智能视觉技术的主要应用

作为一种先进的检测技术，机器视觉技术与系统开始越来越多地出现在各种生产和科研活动中，并建立了如产品质量检测、自动化装配、机器人视觉导航和无人驾驶等具有一定代表性和通用性的智能检测系统，形成了一些典型的机器视觉测量方法。下面对这些方面做简要介绍。

10.1.1 定位引导

基于机器视觉的机器人引导技术是机器视觉技术、机器人控制技术相结合产生的新型技术，通过视觉技术对机器人进行引导，使机器人在完成产品的抓取、工件的装配等任务时具有灵活性，同时免除了昂贵的精密夹具等特殊装置。基于机器视觉的工业机器人定位抓取技术在工业中具有非常高的应用价值，一方面降低了工业生产的成本，同时也提高了生产效率。

基于机器视觉的工业机器人引导技术主要应用于产品组装、零件分拣和自动焊接或点胶等任务中。基于机器视觉的工业机器人通过摄像头和机器人的手臂可以完成高难度的组装工作，工人在组装产品之前可以先将产品零件的大小和尺寸输入到系统当中，系统会自动将数据信息存储。在组装时，系统通过摄像机来识别对应的零件，然后通过机器人的手臂来定位抓取零件，从而完成组装工作。基于机器视觉的工业机器人还可以通过一系列步骤来完成零件分拣工作。首先利用摄像机拍摄零件，然后将图像传输至系统中，再通过图像处理技术来处理图像，从而提取图像中的信息。系统会自动将零件分拣到不同位置，并且会把形状不完整的零件当作废件处理，有效地提高了分拣的效率。基于机器视觉的工业机器人也可以通过准确定位图像中的目标来引导机械臂对目标进行精确的操作，其可应用于流水线的静态和动态目标识别场景，可以适应各类不同形状和光照条件下的视觉定位需求，图 10-1 为机器人引导系统框架。

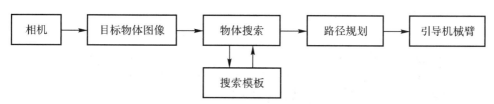

图 10-1　机器人引导系统框架

如图 10-2 所示，机器人引导系统一般由相机、光源、平台、机械臂以及控制分析系统组成，通过相机捕获平台上的目标物体，经控制分析系统分析后发出控制信号，引导机械手进行精确对位。视觉引导系统框架如图 10-1 所示，在进行引导任务时，通过相机获取目标物体图像，进行物体搜索；确定物体位置后，系统需要先对机械臂进行路径规划，最终定位到目标物体。

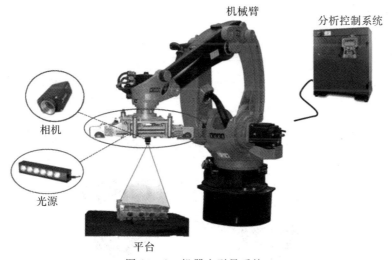

图 10-2　机器人引导系统

10.1.2　字符识别

字符识别是模式识别的一种，模式识别是指对表征事物或现象的各种形式的(数值的、文字的和逻辑关系的)信息进行处理和分析，并对事物或现象进行描述、辨认、分类和解释的过程。

字符识别主要用于手写汉字输入、票据自动识别和处理等。字符识别在工业上应用尤为广泛，生产线上有很多产品都印有代表着产品生产批次、生产日期、有效期、产品品牌的信息。在很多工业应用中需要将检测对象上印刷的字符识别出来，需要获取检测对象上的字符信息。如图 10-3 所示，图片表面上的字符包括大小写英文字母、数字，它们的组合可以存储不同的信息，用于标记或区分产品。为了保证字符印刷的准确性，字符识别在工业应用中尤为重要。

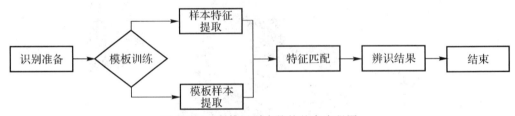

图 10-3　待识别的字符图像

字符识别的过程包括两个步骤：一是将图像中识别区域的单个字符分割出来；二是将分割得到的字符进行分类，得到对应的符号标记。字符识别首先是生成字符模板，提取字符模板特征，再对分割到的单个字符进行识别。对字符识别的方法通常有模板匹配、聚类、神经网络以及支持向量机等。图 10-4 为字符识别步骤的基本流程图。图 10-5 是一个简单的字符识别例子。

```
识别准备 → 模板训练 ┬→ 样本特征提取 ┐
                    └→ 模板样本提取 ┘ → 特征匹配 → 辨识结果 → 结束
```

图 10-4　字符识别步骤的基本流程图

(a) 模板字符

(b) 识别结果

图 10-5　字符识别

10.1.3 颜色检测

传统的机器视觉系统大部分是基于灰度图像进行图像处理，如果检测颜色则需要选择彩色相机，因为彩色相机可以还原物体的真实色彩。彩色图像的颜色模型有很多种形式，如 RGB、YUV、HSV、CMYK，其中在图像处理中以 RGB 最为直观，而 HSV 更符合人眼的颜色分辨规律，颜色检测通常在 HSV 颜色空间下进行。H（色调）用角度度量，取值范围为 $0°\sim360°$，从红色开始按逆时针方向计算，红色为 $0°$，绿色为 $120°$，蓝色为 $240°$；它们的补色是黄色为 $60°$，青色为 $180°$，品红为 $300°$。S（饱和度）的取值范围为 $0\sim255$。V（亮度）的取值范围为 0（黑色）~255（白色）。图 10-6 为 HSV 颜色空间。

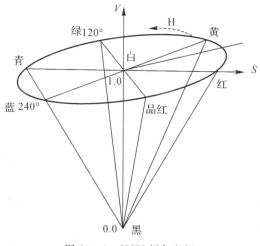

图 10-6　HSV 颜色空间

颜色检测主要用于颜色产品的分选、识别、检测等，如流水线瓶盖颜色混装检测、电缆线排线检测、电子元器件色差识别等。系统硬件采用高速彩色相机提取产品颜色，然后通过分析图像获得产品颜色信息来检测输出产品的色差、个数、色序等结果。

图 10-7 为颜色检测基本流程图。对于颜色检测系统，首先需要通过彩色相机捕获物体图像，将彩色图像转化到灰度图像做特征定位，定位到检测区域后在原图像上做颜色处理。一般的颜色处理会在 HSV 颜色空间内进行。若相机的输出为 RGB 颜色空间还需要进行 RGB 到 HSV 颜色空间的转换，再从颜色空间中抽取某个特征颜色进行进一步的分析。

图 10-7　颜色检测的基本流程图

10.1.4　尺寸测量

在检测技术中，被测物体的外形往往具有某种几何形状，通常情况下，其长度、角度、圆孔直径、弧度等都是典型的待测几何参数。在传统的尺寸测量中，典型方法是利用卡尺或千分尺在被测工件上针对某个参数进行多次测量后取平均值。这种检测手段具有简便、成本低廉的优点，但测量精度低、测试速度慢，测试数据无法及时处理，不适合自动化生产。

基于机器视觉的尺寸测量方法具有成本低、精度高、安装简易等优点，其非接触性、实时性、灵活性和精确性等特点可以有效地解决传统检测方法存在的问题。另外，基于机器视觉的尺寸测量方法不但可以获得尺寸参数，还可以根据测量结果及时给出反馈信息，修正加工参数。尺寸测量可以用于检测零件的各种尺寸，如长度、圆、角度等。图 10-8 为尺寸测量的基本流程图。

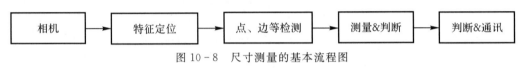

图 10-8　尺寸测量的基本流程图

10.1.5　缺陷检测

在现代工业连续、大批量自动化生产中，涉及各种各样的质量检测，如工件表面是否有划痕、印刷品是否有油污或破损、字符印刷正误和电路板线路正误检查等。质量检测系统的性能优劣在一定程度上直接影响着产品质量和生产效率，能够对产品进行在线高速缺陷检测已经成为高质量和高效率生产的必要因素。

产品缺陷检测方法可以分为三种。第一种是人工检测法，这种方法不仅成本高，而且在对微小缺陷进行判别时，难以达到所需要的精度和速度，还存在劳动强度大、检测标准一致性差等缺点。第二种是机械装置接触检测法，这种方法虽然在质量上能满足生产的需要，但存在检测设备价格高、灵活性差、速度慢等缺点。第三种是机器视觉检测法，即利用图像处理和分析对产品可能存在的缺陷进行检测，这种方法采用非接触的工作方式，安装灵活，测量精度和速度都比较高。同一台机器视觉检测设备可以实现对不同产品的多参数检测，为企业节约了大笔设备开支。

待检测物品的缺陷表现在图像上，即缺陷处的灰度值与标准图像的差异。将缺陷图像的灰度值同标准图像进行比较，判断其差值（两幅图灰度值的差异程度）是否超出预先设定的阈值范围，就能判断出待测物品有无缺陷。

在实际应用中，不同产品的缺陷定义也不一样。一般来说，产品表面缺陷分为结构缺陷、几何缺陷和颜色缺陷等几种类型。常见的工件完整性检测属于结构缺陷检测，尺寸规格检测属于几何缺陷检测，而印刷品质量检测中常需要进行颜色缺陷检测。

机器视觉缺陷检测软件通过对目标表面图像进行预处理，并与标准图像对比，找到其中存在的缺陷，然后识别并判断缺陷种类和严重程度，对产品进行分类分级处理。图 10-9 是利用机器视觉技术完成对工业产品中的一些常见缺陷检测实例，缺陷类型包括纺织品上的缺经、脏污缺陷和铸件上的划痕缺陷等。

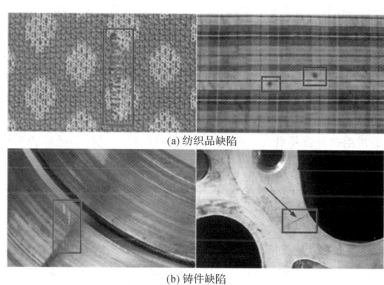

(a) 纺织品缺陷

(b) 铸件缺陷

图 10-9 缺陷检测实例

10.2 智能视觉开发平台

10.2.1 智能视觉开发平台的分类

智能视觉开发平台可分为单任务的专用开发平台和集成式通用组态开发平台。单任务的专用开发平台是专门针对具体应用研制开发的，应用的待测目标已知，根据待测目标的特性以及检测目标，针对性地进行开发。集成式通用组态开发平台基于视觉库，将众多通用的图像处理算法二次开发成工具库，并向用户提供一个开放的通用平台，用户可以在这个平台上组合自己需要的处理工具，配置处理流程，快速灵活地通过组态实现一个具体的视觉检测任务。

1. 单任务的专用开发平台

单任务的专用开发平台的算法实现一般都基于市场上已有的视觉库。视觉库用于将一些常用的图像处理算法编制成函数库。这类开发平台需要开发者根据检测任务调用视觉库中所需的函数，完成检测任务，最终开发出适合某一特定任务的应用。每个应用都需要重新开发算法，开发周期长，不具有通用性。

常用的图像处理视觉库有 HALCON、OpenCV 等。HALCON 在工业视觉领域比较常用，但是 HALCON 属于商业非开源项目，需要购买。OpenCV 是由 Gary Bradski 在 1999 年创建的一个开源的计算机视觉库，它用 C、C++语言编写，可以在 Windows、Linux 等多个系统上运行。OpenCV 视觉库包含 500 多个与计算机视觉各个领域相关并衍生出来的函数，在医学图像处理、军事、自动驾驶、工业产品检测、安防检查、机器人等多个领域都有着广泛的应用。OpenCV 既可以用于高校和科研机构的教学和研究，也可以用于商业开发，但是 OpenCV 的项目周期比 HALCON 的长。在工业应用上，HALCON 使用偏多；而在教学和科研工作上，OpenCV 则更加适合。

2. 集成式通用组态开发平台

集成式通用组态开发平台的工具库具有流程化和模块化的设计特点，用户可以根据平台提供的各种预处理、定位、测量、计数等工具，对测试图像处理流程进行自定义组合配置，快速完成所需要的检测任务，开发周期短，通用性强。

目前，国外相对成熟的集成式智能视觉组态开发平台主要是康耐视的 VisionPro，它的大多数算法性能都很好，但是价格昂贵，不易在国内推广。国内对于这类平台的开发起步较晚，但近些年开展了大量的研发工作，取得了一些不错的成果，如维视智造的 VisionBank。VisionBank 适用于解决目标点定位、尺寸测量、有无判定、缺陷检查、字符及条码识别与检查、引导机械手进行精密组装等常见的工业检测需求。VisionBank 即买即用，具有高效、易用、准确、便捷、低成本等优点，可快速应对用户需求，还配备了完整的学习文档和实验案例以及教学创新实验设备。开发者通过对 VisionBank 的学习实践，可以快速掌握基于机器视觉技术的应用开发。

10.2.2 VisionBank 智能视觉开发平台

VisionBank 智能视觉开发平台是一个智能化的机器视觉项目开发平台，内置了大量的图像处理工具，用户开发全新机器视觉项目时只需要灵活配置平台上的不同图像处理工具就可以设计各种不同检测要求的视觉项目。VisionBank 与同类开发平台相比具有以下几个特点：

(1) 内容丰富，并且在持续扩展中；

(2) 高度集成化，基于各种使用场景抽象集成得到；

(3) 运行速度快，算法速度进行了深入优化；

(4) 算法模块之间可关联，流程中后面的模块可使用前面模块的计算结果作为输入或者确定处理区域；

（5）对于高级用户，支持自定义相机和 I/O 卡、自定义运行界面和自定义通讯；

（6）使用简单，易于操作。

VisionBank 的应用领域如图 10 - 10 所示。

图 10 - 10　VisionBank 的应用领域

VisionBank 智能视觉开发平台包括图像采集、图像预处理、图像处理、标定及通讯五大模块。基于 VisionBank 的机器视觉项目开发流程如图 10 - 11 所示。

图 10 - 11　VisionBank 开发流程

1. 图像采集

VisionBank 的图像采集模块支持读取本地图像和从工业相机获取实时图像。读取本地图像时可以单独加载一帧图像，也可以选择本地的一个目录，按照图片的序列不断地读进来，如图 10 - 12 所示。在对目录中的图片进行读取的时候，VisionBank 提供了多种功能按钮，包括上一张、下一张、返回第一张、跳转至最后一张、自动遍历。自动遍历功能是每隔一段时间就自动切换至下一张，可以模拟工业相机实时拍摄的效果。

图 10 - 12　目录测试

　　从工业相机获取实时图像时，需要先选择同时连接的相机数量（VisionBank 最多支持同时连接 8 台相机），再设置连接的相机类型，如图 10 - 13 所示。当"硬件连接"监控区中相机的图标变绿后，就可以从相机中获取实时图像了。

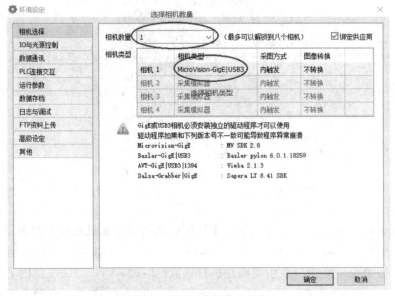

图 10 - 13　工业相机的选择

2. 图像预处理

VisionBank 的图像预处理功能有两个应用场景：一是通用图像预处理，选择此功能时，主画面窗口会显示预处理后的图像，同时后面所有的图像处理功能都在这个基础上进行。VisionBank 为用户提供了 20 余种预处理工具，如图 10-14 所示，包括常见的转换为灰度图、Sobel 滤波、高斯滤波等工具，还包含了图像缩放、旋转等功能性工具。用户不仅可以对图片进行降噪处理，还可以根据实际检测的需要使用不同的预处理工具组合来获取对检测最有用的信息。二是局部图像预处理，该功能是和具体的图像处理工具绑定的。比如，通用图像预处理对图像做了"转换为灰度图"操作，再添加"特征定位"时可以选用局部预处理，对图像做灰度变换操作，该局部预处理仅对"特征定位"工具生效。

图 10-14　图像预处理工具

3. 图像处理

图像处理模块是 VisionBank 的核心功能，内置了 200 余种图像处理工具。基于这些工具的不同组合及不同参数设置，图像处理模块几乎能应用于所有平面机器视觉应用场景。这些工具主要分为定位、几何、有无、计数、计测、识别、掩模、其它八大类，如图 10-15 所示。

图 10-15 图像处理工具

定位工具中为不同的场景提供了大量的定位方法，包括灰度定位、特征定位、圆定位、边定位等，如图 10-16 所示。定位工具可以帮助用户快速定位到目标图像所在位置和偏移角度，其它工具可以根据定位工具提供的坐标系实现快速处理，避免了对无效区域的处理。

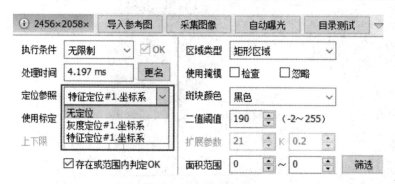

图 10-16 定位参照

结合定位工具提供的位置和其他模块工具的处理结果，VisionBank 可以实现多种复杂的功能，包括机器人引导定位、尺寸测量、缺陷检测、颜色检测、图像识别（字符、条码、二维码）、有无及计数。

4. 标定

VisionBank 的标定模块包括三类应用场景。

（1）镜头畸变矫正标定。VisionBank 支持圆形、网格、棋盘格三类标定板，用户只需要输入所使用标定板的参数即可完成镜头畸变标定，如图 10-17 所示。目前软件中的镜头畸变标定主要标定径向畸变，软件根据畸变参数对图像进行校正。对比校正前后的图像，用户可以确认镜头畸变标定是否正确。

（2）尺寸测量标定。VisionBank 支持圆形、网格、棋盘格三类标定板标定和比例尺标定，用户仅输入所使用标定板的参数或标准件的标准尺寸即可完成像素单位到毫米单位的换算。

（3）机器人手眼标定。VisionBank 支持圆形、网格、棋盘格三类标定板标定和多点映射标定，其目的是把图像坐标系换算到机器人坐标系下。通过位置标定，可以让图像坐标系与机器人坐标系建立关联，从而实现手眼互动操作。

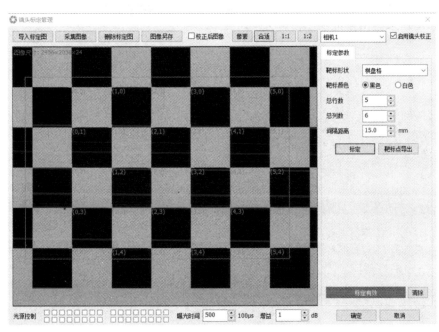

图 10-17　镜头畸变标定模块

5．通讯

通讯是机器视觉程序功能的直接体现，绝大多数机器视觉应用场景都需要和第三方设备通讯。通讯的应用场景包括三类，如下：

（1）I/O 通讯。这是应用最多的场景，其目的是把检测结果的开关量信号（OK 或 NG）发送给控制机构，从而对检测对象执行剔除动作。VisionBank 支持市面上常见的大部分 IO 卡。通过 IO 输出的信号包括采集触发信号、OK 信号、NG 信号、统计数据归零信号、系统异常信号、心跳信号、光源触发信号、语音播报信号等。

（2）自由口通讯。主要面向机器人控制器或下位机，其目的是把检测结果的字符串（坐标或角度数据）发送给控制系统。VisionBank 支持的自由口通讯方式包括 TCP/IP 和串口。VisionBank 为用户提供了多种数据通讯模式，用户可以按照自己的需求进行配置。

（3）PLC 交互。专门针对不同品牌的 PLC 开发专用通讯协议。基于 PLC 交互模块可以把机器视觉程序的检测数据直接写入 PLC 的数据内存区。PLC 交互也支持 TCP/IP 和串口。

本 章 小 结

　　本章首先介绍了智能视觉技术的主要应用，包括定位引导、字符识别、颜色检测、尺寸测量、缺陷检测等；然后重点介绍了集成式通用组态智能视觉开发平台 VisionBank，为后续章节的智能视觉应用提供了支撑平台。

智能视觉技术及应用

第11章 基于定位与识别的智能视觉应用

11.1 汽车制动片定位引导

11.1.1 行业背景介绍

　　一个国家的机械制造自动化水平直接决定了其发展水平。在现代化背景下，机械制造自动化技术的应用范围更加广泛，这对于我国生产技术的提升极为重要。智能视觉技术可以充当机械制造过程中的"眼睛"，可以对目标实现精准识别与测量，进而确保整个生产制作过程的顺利推进。智能视觉技术的应用也能够克服不良环境对生产过程的影响，可以在恶劣环境下实现对生产过程的监控。智能视觉技术的应用能够极大程度地提升企业的生产效率，同时整个生产过程中的人力成本可以得到节约。

　　制动片是汽车及控制机构上经常使用的机械元件，制动片的安装精度严重影响控制系统的安全性。制动片自动安装前需要让机械臂的抓手准确地抓到产品中心，而制动片本身的形状很不规则且类型非常多样化，所以需要视觉系统获取制动片的 X、Y 坐标及偏角。本案例中涉及的制动片是某机组上的一个关键元件，整个机组的安装全部采用自动化实现，如图 11-1 所示。制动片通过流水线依次供料，视觉系统负责定位来料位置，进而引导机械臂准确抓取。

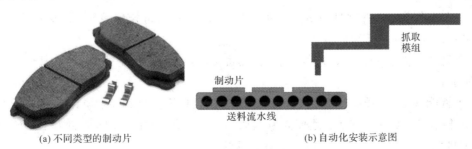

(a) 不同类型的制动片　　　　　　　　(b) 自动化安装示意图

图 11-1　制动片视觉引导示意图

195

11.1.2　项目需求分析

以某工厂的某型号制动片自动化安装项目为例。该项目的主要目的是对送料流水线上的制动片进行定位，然后引导机械臂进行抓取。根据项目要求，梳理以下视觉项目选型所需的关键因素：

（1）视野范围。制动片本身的长度为 54 mm，设计的流水线宽度为 75 mm，为保证每次都能拍全产品，视野范围设计为 75 mm×56 mm（相机芯片比例为 4∶3）。

（2）拍摄距离。本项目的视觉系统独立固定在流水线的上方，安装空间无要求。视觉定位需要计算产品的位置信息，镜头畸变会影响定位精度。所以在光源照度和安装空间允许的情况下，镜头尽可能选择长焦。本项目选择 25 mm 焦距的镜头，相应的拍摄距离为 441 mm（对应 2/3 英寸相机芯片，计算公式详见第 2 章）。

（3）定位精度。本项目需要准确的安装制动片，故制动片的抓取位置也需要很精确，经过试验验证，最终的定位精度要求做到 0.1 mm，所以视觉系统的精度设计为 0.05 mm。

（4）检测速度。由于机器人抓取产品并放置到安装位置需要较长时间，对视觉系统的检测频率没有严格要求，所以视觉系统的检测频率设计为 1 秒/件。

（5）运动速度。产品在定位前是需要停下来让相机拍摄的，定位后机器人再去抓取，故运动速度为 0。

（6）通讯方式。本项目使用的控制系统是西门子的 S7 - 1200 PLC，考虑到通讯的稳定性和效率，通讯方式采用网口。

11.1.3　硬件系统构建

根据项目需求分析结果，结合上篇的硬件选型原则，构建出以下核心硬件方案：

（1）工业相机。视野（75 mm）/精度（0.05 mm）＝1500，相机分辨率的长边至少为 1500个像素点。选择 MV - EM510M 型号的 CCD 工业相机，相机分辨率为 2456×2058，最大帧率为 15 f/s，选择帧曝光模式。

（2）工业镜头。选择型号为 BT - 23C2514MP5 的 25 mm 定焦镜头，视场角为 16.2°×13.4°×10.3°，光圈为 F＝1∶1.4。

（3）光源。制动片的表面比较光滑，有镜面反射，通过试验测试，最终选择两条条形光源直射打光。

（4）智能视觉控制器。本项目仅使用一套相机且检测速度很慢，所以选用较低配置的SVC300 控制器。具体配置为：处理器为 N4200，内存为 4 GB，存储空间为 128 GB SSD，GigE 相机接口 2 个，4 路 I/O 输入，4 路 I/O 输出。

综合上述选型，视觉系统的硬件安装示意图如图 11 - 2 所示。

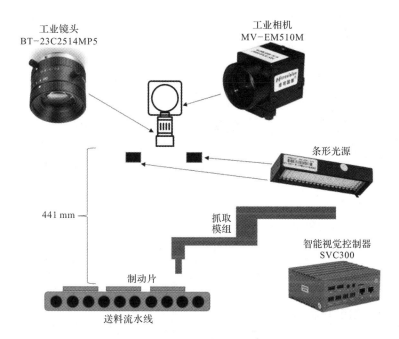

工业镜头
BT−23C2514MP5

工业相机
MV−EM510M

条形光源

441 mm

抓取
模组

智能视觉控制器
SVC300

制动片

送料流水线

图 11−2　制动片视觉引导视觉系统的硬件安装示意图

11.1.4　定位方案配置

搭建好硬件系统，调节好光源的亮度、相机曝光时间、增益，本节首先基于 VisionBank 对制动片视觉引导进行流程分析，然后基于流程分析结果配置检测方案并进行方案验证。

1. 流程分析

视觉系统需要获取制动片的 X、Y 坐标及偏角，即需要对制动片进行定位，以获取其位置坐标以及旋转角度。首先制作用于定位的模板，即从参考图像中选取模板区域，提取特征构建模板；然后将待测图像特征与模板特征进行匹配度计算，将匹配度最高的制动片的 X、Y 坐标及偏角作为定位结果。特征定位的流程如图 11−3 所示。

图 11−3　特征定位流程图

2. 检测方案配置

（1）打开 VisionBank 软件，点击"环境设定"，在弹出的对话框中的"相机选择"项里选择所对应的相机品牌，如图 11−4 所示。

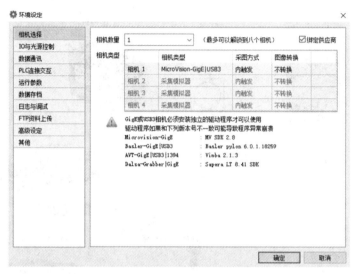

图 11-4　选择相机

"数据通讯"使用"PLC 连接交互"。"PLC 交互"项选为西门子 PLC 类型，"连接方式"选择"网络连接"，设置 PLC 的 IP 地址和端口，如图 11-5 所示。

图 11-5　数据通讯配置

选择完成后返回到软件编辑界面，可以在左下角看到相机和 PLC 已经变成绿色（黑白印刷时为深灰色），如图 11-6 所示，代表连接成功。

相机

通讯

IO卡　　光源　　PLC

图 11-6　连接成功示意图

（2）机器人的"手眼标定"使用位置标定。位置标定仅限于相机固定安装时，将相机的图像坐标系与某一世界坐标系建立关联关系。所谓世界坐标系，在应用中主要是指机器人坐标系。通过位置标定，可以把图像坐标系与机器人坐标系建立关联，从而实现手眼互动操作。具体操作为：选中"图像单元"，点击主界面右上角的"标定"按钮，在"位置标定"中选择"多点映射"标定。将制动片放置到相机下方，分别引导机器人走到制动片的特定位置（图11-7中1、2、3位置），记录下机器人的坐标；然后基于 VisionBank 边定位获取相同点在 VisionBank 中的坐标，分别填写在图中相应位置，点击"标定"按钮。

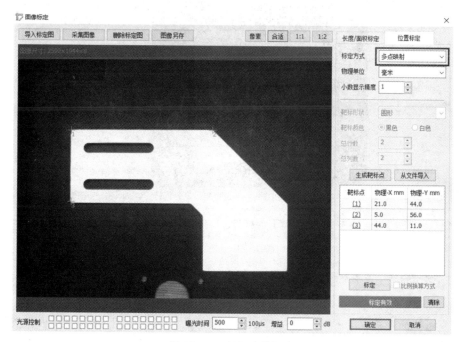

图 11-7　多点映射标定

（3）回到 VisionBank 编辑界面，导入一帧制动片图片，添加"特征定位"工具，如图11-8所示。"特征定位"工具添加完成后，在下方工具参数栏中设置相关参数，用于对采集的待测图像中的目标进行特征定位。

"特征定位"的实现原理是：首先对模板图像构建图像金字塔，对每层的图像进行旋转，旋转步长由模板图像中特征的边缘与特征区域中心的距离决定，可控制最大旋转角度，存储模板图像的各层图像金字塔的旋转图像；然后对待测图像构造等同高度的图像金字塔；最后将待测图像金字塔顶层和模板图像金字塔顶层的各个角度图像进行匹配，找到与模板图像匹配值最高的位置坐标和角度，将其映射到待测图像金字塔的下一层，继续与同一层的模板图像进行匹配度计算，直到金字塔底层，得到匹配度最高的目标的位置坐标和偏角。

　　"特征定位"的工具参数栏中的"可靠度"与金字塔层数相关，值越高，定位的结果越准确，但过高的准确率会增加定位时间，参数范围为0～10，默认值为6。"最大角度"是待测图像中目标与模板的角度差异的最大值，参数范围为0～180°，默认值为15°。"检出阈值"控制待定位物体与模板的相似程度，参数范围为15～99，默认值为60。可根据实际的检测需求和效果来调整参数的值。经过试验，参数值设置如图11-8所示。

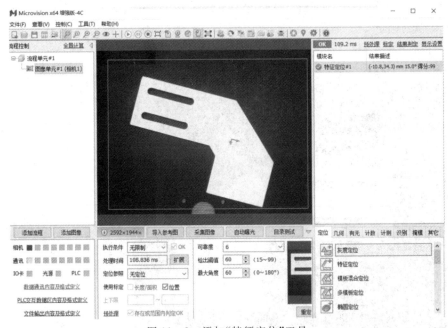

图 11-8　添加"特征定位"工具

　　（4）编辑特征模板。点击"特征定位"工具参数区的"编辑"按钮，打开"模板设置"窗口。其中，"模型参数"中的"边缘尺度"和"边缘阈值"决定了模板图像中的边缘点个数。当阈值过低时，提取的边缘点过多，影响匹配速度或导致边缘点掺有杂点，影响匹配结果；当阈值过高时，提取的边缘点过少，影响匹配精度。根据边缘点的显示效果（点不宜过多或过少）选择合适的参数值，如图11-9所示。

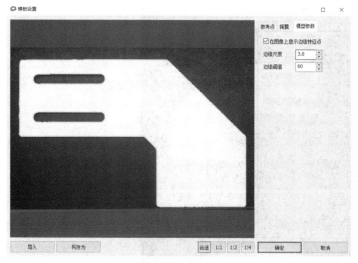

图 11-9　编辑特征模板

（5）勾选图 11-8 中"使用标定"下的"位置"复选框，使得坐标输出为机器人坐标系下的坐标。

（6）点击图 11-8 中左下角的"PLC 交互数据区内容及格式定义"，按图 11-10 所示，将坐标数据添加到交互区，设置通讯内容。

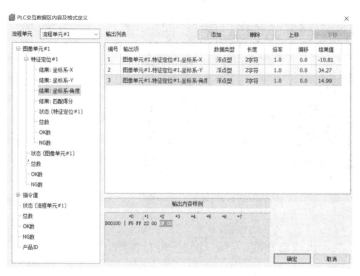

图 11-10　设置通讯内容

（7）分别导入不同位置的制动片图片，测试视觉检测系统的定位结果，如图 11-11 所示。

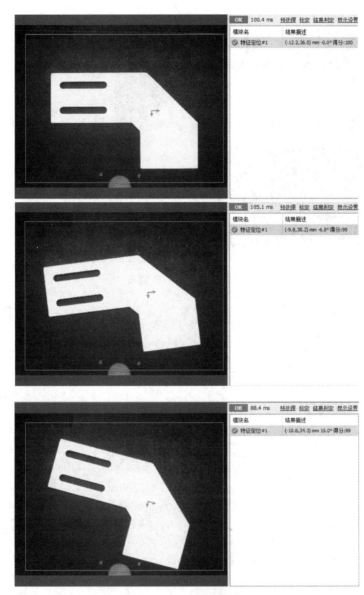

图 11-11　测试图片

（8）软硬件以及通讯设置完成后，运行软件进行检测。

3. 检测准确性验证流程及思路

机器定位的本质是测量。在工业现场验证机器人定位的坐标位置是否准确是极其困难的一件事情。一般采用间接方法进行验证，也就是在视觉定位的视野范围内随机选择两个

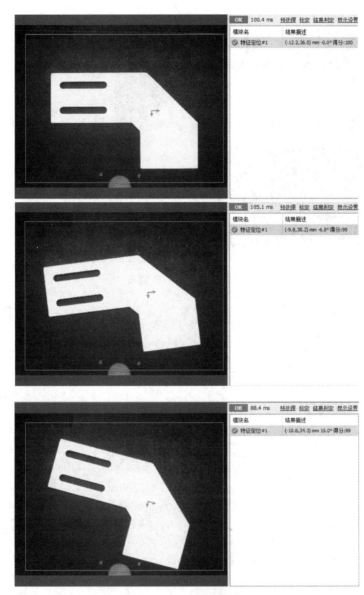202

特征点，通过移动产品的位置重复计算这两个特征点的间距，从而验证视觉定位精度是否满足要求。

本项目通过测量同一个产品的"宽度数据"来验证视觉系统在当前环境下的重复定位精度。基于本配置将同一个产品实测 100 次（不同位置）得到的最大值和最小值的差值为 0.02 mm，满足项目要求。

11.2　PCB 板编号识别

11.2.1　行业背景介绍

中投产业研究院发布的《2020—2024 年中国半导体设备行业深度调研及投资前景预测报告》显示，产业政策大力支持半导体设备行业。国家高度重视和大力支持半导体行业发展，相继出台了多项政策，推动我国半导体产业的发展，加速半导体国产化进程，将半导体产业发展提升到国家战略的高度，充分显示出国家发展半导体产业的决心。在良好的政策环境下，国家产业投资基金及民间资本以市场化的投资方式进入半导体产业。国家产业投资基金通过股权投资的方式支持集成电路产业链各环节中具有较强技术优势和市场竞争力的公司，推动企业提升产能水平和实现兼并重组，形成良性的自我能力提升机制。各地也支持设立地方性投资基金，鼓励社会各类风险投资和股权投资基金进入集成电路领域，以国家资金为杠杆，撬动大规模社会资本进入半导体产业。在政策支持和产业基金的引导下，我国半导体设备行业迎来了前所未有的发展契机。

半导体行业需要进行视觉检测的生产工艺点非常多，包括引导定位、焊点检测、PIN 角检测、元器件错漏检测、元器件位置检测、生产标号检测等。半导体的检测工艺相对比较复杂，一般需要大量各领域的工程师一起合作完成。本节以"某型号 PCB 板编号识别"项目为例，详细说明智能视觉识别技术在半导体行业的一个应用场景。本案例涉及的 PCB 板产品，每个系列都有自己的编号，如图 11-12 所示，产品在出厂前需要识别该编号并录入信息系统。

图 11-12　PCB 板编号示例

本案例将从项目需求分析、硬件系统构建到识别方案配置三个方面，分析智能视觉技术在"PCB板编号识别"项目中的具体应用。

11.2.2 项目需求分析

以某非标改造项目为例，现有生产线已经具备了自动化上下料功能，需要增加视觉系统自动识别每块 PCB 板的编号，并将识别结果发送给上位机的面向制造企业车间执行层的生产信息化管理系统 MES。根据项目要求，将该视觉项目选型所需的关键因素梳理如下：

（1）拍摄范围。本项目识别的 PCB 板尺寸非常大，但是有编号字符的区域很小，只有 100 mm 左右，PCB 板本身又在标准化的载具上运行。所以，视野范围设计为 150 mm×120 mm（相机芯片比例为 4∶3）。

（2）拍摄距离。自动化生产线预留的安装空间非常有限，需要视觉系统的拍摄距离尽可能近。考虑到字符识别对镜头畸变要求不高，最终选择较小的 4 mm 焦距镜头，拍摄距离为 85 mm（对应 1/1.8 英寸（1 英寸＝2.54 厘米），计算公式详见第 2 章）。

（3）识别精度。编号字符的字迹最小宽度为 0.5 mm 左右，为保证识别的稳定性，可考虑在 0.5 mm 宽的字迹上分布 5 个像素。

（4）识别速度。产品尺寸很大，一个产品完全通过需要 10 秒左右，所以对视觉系统的识别速度几乎没有要求。

（5）运动速度。相机运动速度可设为 0.1 m/s，属于飞拍检测，工业相机需要帧曝光。

（6）通讯方式。本项目需要把字符内容传输给上位机，从可行性上来说，串口或网口都可以。由于该项目中上位机（MES 服务器）的网口比较紧张，所以选择串口通讯。

11.2.3 硬件系统构建

基于项目需求分析的结果，构建以下核心视觉部件：

（1）工业相机。视野范围（150 mm）/检测精度（0.5 mm）×5＝1500，故选择 MV-EM200M 型号的 CCD 工业相机，最高分辨率为 1600×1200，最大帧率为 15 f/s，选择帧曝光模式。

（2）工业镜头。选择型号为 BT-118C0420MP5 的 4 mm 定焦镜头，视场角为 94°×82.9°×66.5°，光圈为 F＝1∶2.0。

（3）光源。通过试验测试，最终选择白色环光从正面打光，光源控制器选择"常亮"控制的模拟控制器。

（4）智能视觉控制器。本项目仅使用一套相机且检测速度慢，所以选用较低配置的 SVC300 控制器。具体配置为：处理器为 N4200，内存为 4 GB，存储空间为 128 GB SSD，GigE 相机接口为 2 个，4 路 I/O 输入，4 路 I/O 输出。

（5）其他配套附件：相机拍照指令（触发信号）由现场的接近感应器给出（当接近感应器

感应到产品到达时给相机一个脉冲信号）。

综合上述选型，视觉系统的硬件安装示意图如图 11 - 13 所示。

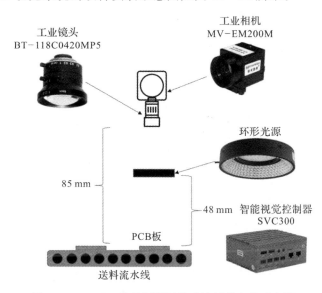

图 11 - 13　PCB 编号识别视觉系统硬件安装示意图

11.2.4　识别方案配置

搭建以上硬件系统，调节好光源的亮度、相机曝光时间、增益。首先基于 VisionBank 软件对 PCB 板编号识别进行流程分析，然后基于流程分析结果配置检测方案并进行方案验证。

1. 流程分析

在对 PCB 板的编号进行检测之前，首先给采集到的图片进行特征定位，防止产品发生偏移引起检测误差；然后进行字符识别检查，将要识别的字符进行字体注册；然后对待测图像进行识别，对识别到的字符进行检查，以此来确保 PCB 板的编号准确无误。检测流程如图 11 - 14 所示。

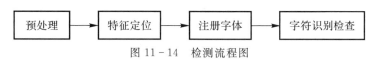

图 11 - 14　检测流程图

2. 检测方案配置

（1）打开 VisionBank 软件，点击"环境设定"，在弹出的对话框中的"相机选择"栏目里选择所对应的相机品牌，如图 11 - 15 所示。在"数据通讯"里面选择"串口通讯"，设置端口以及波特率，如图 11 - 16 所示。

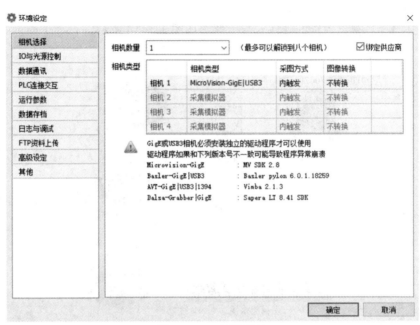

图 11-15　相机配置

图 11-16　数据通讯配置

206

智能视觉技术及应用

（2）回到 VisionBank 编辑界面，导入一帧 PCB 图片，点击编辑界面右上角的"预处理"工具，选择合适的预处理算法，提高导入图像的质量。本案例中的图像质量较高且没有噪声，预处理只需要进行灰度化处理，去除掉多余的色彩信息即可，后续再选择的模块是在预处理之后的图像上执行的。

在右下角视觉模块栏的定位模块中选择"特征定位"，双击该工具，图像界面出现两个矩形选择框，较大的选择框为搜索区域，较小的选择框为"特征定位"的模板区域。选择字符区域作为模板区域，将两个选择框拖曳至如图 11-17 所示的位置。

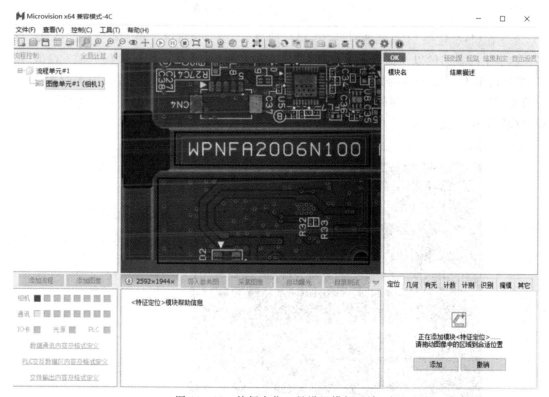

图 11-17　特征定位工具设置模板区域

点击右下角的"添加"，"特征定位"工具添加完成后，在下方工具参数栏中设置相关参数，如图 11-18 所示。"特征定位"工具参数栏中的"可靠度"值越高，定位的结果越准确，但过高的准确率会增加定位时间；参数范围为 0～10，默认值为 6。"最大角度"是待测图像中目标与模板的角度差异的最大值，参数范围为 0～180°，默认值为 15°。"检出阈值"控制待定位物体与模板的相似程度，参数范围为 15～99，默认值为 60。一般需要根据实际的检测需求和效果来调整参数的值。设置可靠度为 6，检出阈值为 60，最大角度为 15°。

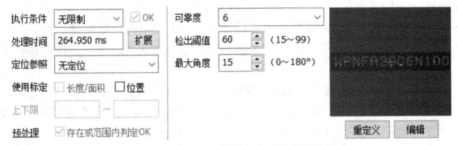

图 11-18　特征定位工具参数设置

（3）在"特征定位"工具参数栏（如图 11-18 所示）的右边可以看到一幅缩小的图像，该图像展示了模板图像以及提取出的轮廓特征。点击"重定义"可以更改模板区域；点击"编辑"将弹出图 11-19 所示的界面，可以通过"参考点"中的不同模式选择模板图像的参考点，作为特征定位的定位点。另外还可以通过"模型参数"中的"边缘尺度"和"边缘阈值"调整模板图像中的边缘点个数。

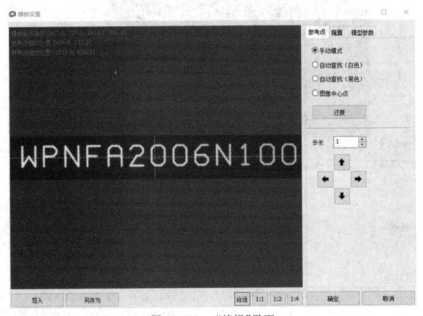

图 11-19　"编辑"界面

（4）回到 VisionBank 主界面，在右下角视觉模块栏的"识别"模块中选择并添加"字符识别检查"，双击该工具，图像界面出现一个矩形选择框，调整矩形框到用于字体生成的字符区域，如图 11-20 所示。为了正确识别字体，需要进行两步设定：一是要生成合适的字体，二是要进行合适的设定。

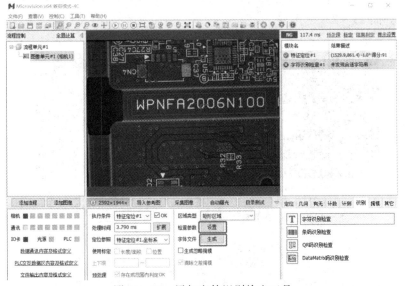

图 11-20　添加字符识别检查工具

点击工具参数中的字体文件"生成"按钮，将弹出如图 11-21 所示的窗口，在界面右侧选择合适的二值化方法和阈值，将字体和背景分割开。需要注意的是，文字文件中的灰度模板一定是白底黑字的，而二值模板一定是黑底白字的。如果图像上的字体为黑底白字，点击"图像反色"处理，然后在右下角的"字符描述"框中输入"WPNFA2006N100"，然后点击"添加模板"退回到主界面。

图 11-21　注册字体

（5）点击图 11-20 中的"设置"按钮，选择字符集类型以及字体类型，点击"测试"，读出产品字符，如图 11-22 所示。

图 11-22 选择字符集

（6）将字符内容传输给上位机。点击图 11-20 所示界面左下角的"数据通讯内容及格式定义"，添加识别字符串结果值，如图 11-23 所示。

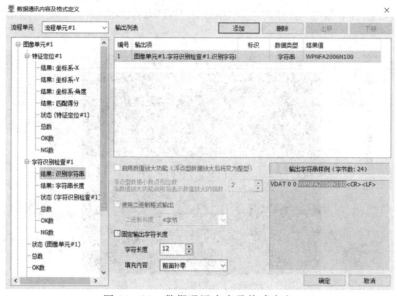

图 11-23 数据通讯内容及格式定义

（7）分别导入不同位置的 PCB 图片进行测试，视觉系统识别出每个图片的编号，如图 11-24 所示。

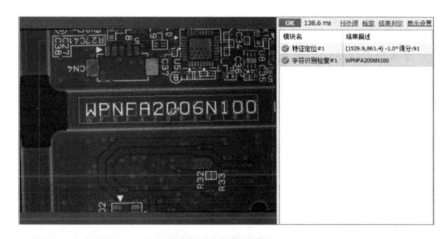

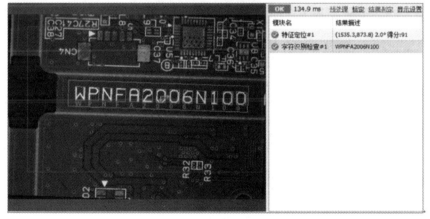

图 11-24　测试

（8）软硬件以及通讯设置完成后，运行软件进行检测。

3．检测准确性验证流程及思路

本项目属于图像识别中的"字符识别"类，此类项目的稳定性验证主要是验证字符因产品歪斜造成的变形是否影响其识别，以及类似的字符是否会被误识别，比如"8"和"B"会不会混淆。验证过程中，将产品倾斜到 15°以内时字符均可识别，大于 15°时不可识别。所以，要求现场的自动化机构保证产品的倾斜角度不大于 15°。本项目的字符库文件共训练阿拉伯数字 0～9 及大写字母 A～Z，此范围内的字符均可被正确识别，满足项目要求。

本 章 小 结

　　本章分别介绍了以定位引导和字符识别为核心的图像处理应用案例。定位引导案例主要利用基于轮廓匹配的特征定位技术，同时还针对机械臂进行了"手眼标定"；字符识别案例亦是通过模板匹配来进行印刷体的字符识别。本章以真实应用案例为广大读者展示了智能视觉技术的具体应用过程。

第12章　基于计数和测量的智能视觉应用

12.1　采血试管计数

12.1.1　行业背景介绍

医药行业是一个产品质量至关重要的行业。医药行业经常用到的采血试管一般是真空玻璃管，可以实现定量采血，如图 12-1 所示。在采血试管的生产过程中，由于工业现场的复杂环境和不可避免的生产误差会导致各种缺陷产品，给产品质量带来了严重隐患。随着竞争日益激烈，客户对采血试管质量的要求越来越高。传统的采血试管的质量检测方法为人工检测，存在效率低、劳动强度大等问题，而且检测精度易受外界因素的影响，结果的可靠性不高。为了提高产品的出厂质量，生产厂家生产的采血试管都要 100% 经过检测，因此医药行业迫切需要将机器视觉技术引入采血试管的自动化生产线。

图 12-1　采血试管示例

真空采血试管一般根据端帽的颜色区分不同的种类，适用于不同的采血场景。下面我们将具体介绍一个医用采血试管的检测案例，从检测方案、硬件环境的构建等方面进行分析，使读者能够充分地了解如何将智能视觉技术应用到实际的医药行业当中。本节针对采血试管的端帽检测系统和垫片有无检测系统进行分析，从端帽颜色、垫片的有无方面来对采血试管(后文简称为"采血管")进行检测计数,整个项目基于 VisionBank 实现。

12.1.2 项目需求分析

以某采血管自动化装配线为例,采血管在生产过程中,"端帽"和"垫片"安装是容易出现问题的两个工位,而这两个组件的漏装会导致很严重的质量问题。所以,在这两个组件安装完毕后的工位设计一套视觉检测系统,将"无端帽"和"无垫片"的产品进行标记(当出现问题产品时给喷码枪发一个 I/O 信号,喷码枪会在产品上打标记)。如图 12-2 所示,虚线框中为无端帽试管,颜色相较于其他试管偏蓝;实线框中为无垫片试管,中心区域较其他试管偏黑。

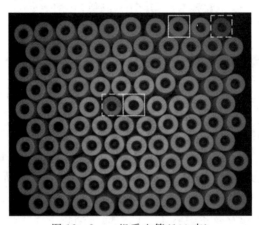

图 12-2 一组采血管(100 支)

根据以上工况,得出视觉系统选型需要的关键参数如下:

(1) 拍摄范围。"采血管组"在宽度为 140 mm 的流水线上运行,产品会随机出现在流水线的任何位置,为确保每次都能拍摄到产品,将拍摄范围设计为 140 mm×105 mm(相机芯片比例为 4∶3)。

(2) 安装高度。由于本工位以视觉检测功能为核心,其他机构都以视觉系统的参数需求为主,所以对安装空间无要求。本项目属于"颜色有无"检测类,对镜头的畸变等无要求,为了让设备尽可能小型化,镜头选择常用的 8 mm 焦距,对应的拍摄距离为 233 mm(计算公式详见 3.2 节)。

(3) 检测精度。端帽和垫片的直径约为 13 mm,项目要求检测这两个组件的有无,所以检测精度为 13 mm,工业相机选择 120 万彩色 CCD 相机。

(4) 检测速度。流水线的最高速度为 0.5 m/s,检测速度设计为每秒 5 个产品,即每秒拍摄 5 次。

(5) 运动速度。0.5 m/s 属于飞拍检测,因此工业相机需要选择帧曝光模式。

(6) 信号输出类型。本项目的最终目的是把不合格产品的"NG"信号发给喷码枪,因此直接选择 IO 通讯。

12.1.3　硬件系统构建

根据项目分析结果,设计如下视觉系统的核心器件:

(1) 工业相机。选择 MV-EM120C 型号的 CCD 工业相机,最高分辨率为 $1280×960$,最大帧率为 40 f/s,选择帧曝光模式。

(2) 工业镜头。选择 BT-23C0814MP5 型号的 8 mm 定焦 C 口镜头,分辨率为 500 万像素,视场角为 $67.1°×56.3°×43.7°$。

(3) 光源。该系统的打光要求就是均匀,不需要特定角度打光,所以选择"白色开孔面光源",光源控制器选择"常亮"控制的模拟控制器。

(4) 智能视觉控制器。本项目选择的相机分辨率较低,检测速度也较慢,所以视觉控制器选择配置较低的 SVC300。具体配置为:处理器为 N4200,内存为 4 GB,存储空间为128 GB SSD,GigE 相机接口 2 个,4 路 I/O 输入,4 路 I/O 输出。

根据上述核心器件选型,视觉系统的硬件安装示意图如图 12-3 所示。

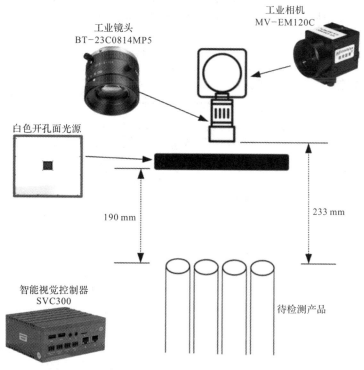

图 12-3　采血试管计数视觉系统的硬件安装示意图

12.1.4 计数方案配置

搭建好硬件系统，调节好光源的亮度、相机曝光时间、增益后，基于 VisionBank 对采血试管进行流程分析，基于流程分析结果配置检测方案并进行方案验证。

1. 流程分析

在进行试管检测时，首先对图像进行预处理，将图像的色彩空间从 RGB 转换为 HSV，然后提取其中的 H 通道，对 H 通道的图像进行灰度处理；然后对图像中的试管部分进行异色试管检测、正常试管检测和缺垫试管检测处理。在对图像进行完上述操作后，就可以确定试管是否合格了。图 12-4 所示是检测流程图。

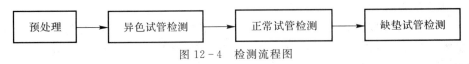

图 12-4 检测流程图

2. 检测方案配置

(1) 打开 VisionBank，在工具栏点击"环境设置"，在弹出的对话框中的"相机选择"项里选择 MicroVision 相机，如图 12-5 所示。"IO 与光源控制"选择对应 SVC300 控制器的 IO 卡型号，如图 12-6 所示。

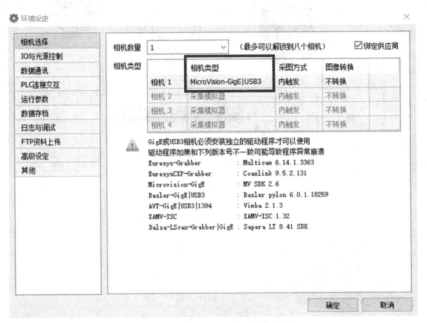

图 12-5 相机选择示意图

图 12-6　IO 方式选择示意图

选择完成后返回到软件编辑界面，可以在左下角看到相机和 IO 卡已经变成绿色（黑白印刷时为深灰色），代表连接成功。

（2）导入一帧不合格产品的图片作为工程设计的参考图，点击编辑界面右上角的"预处理"工具，如图 12-7 所示。

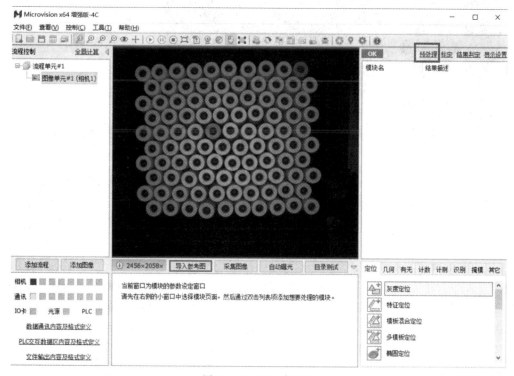

图 12-7　导入参考图

（3）添加"转化为灰度图"工具，选择提取通道为"H 通道"，会出现如图 12-8 所示的界面。经过预处理后端帽颜色有了明显的区分，没有垫片的试管中心没有白点。此处预处理算法的原理是将图像的色彩空间从 RGB 转换为 HSV，然后提取其中的 H 通道，对 H 通道的图像进行灰度处理。后续选择的模块是在预处理之后的图像上执行的。

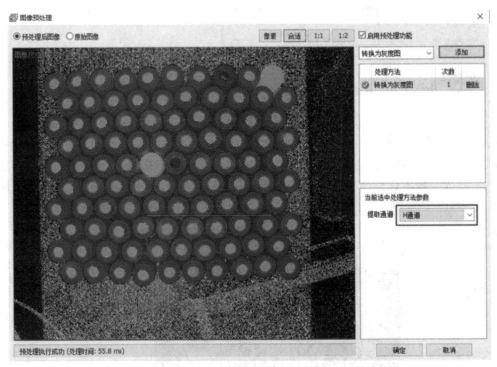

图 12-8　灰度工具配置页面

（4）添加"斑块计数"工具，识别端帽颜色不同的产品；设置工具栏中的参数，识别不正常的试管端帽。工具参数栏中的"区域类型"用于设置处理区域的形状，这里选择"矩形区域"较为合适。"使用掩模"用于忽略处理区域中的某片区域，这里不做选择。"斑块颜色"是工具要计数的斑块的颜色，这里选择"白色"。"二值阈值"是将处理区域分割为"斑块"和"背景"区域的灰度阈值，参数范围为 $-1 \sim 255$，可根据检测效果进行调节，当参数为 -1 时表示根据直方图自动选择阈值，当参数在 $0 \sim 255$ 之间时表示用户指定阈值，默认值为 190，这里设置的阈值为 135。"面积范围"是指检测出的斑块要符合的面积范围（像素单位），参数范围为非负整数，当面积最小值为 0 时表示最小面积不限制，当最大值为 0 时表示最大面积不限制。"筛选"用于通过斑块的特征参数对斑块进行过滤。点击"筛选"，设置"筛选"参数筛选出半径大于 20 的白色圆，如图 12-9 所示，识别出的两个白色的大圆就是颜色不正常的试管端帽。

（5）添加另一个"斑块计数"工具，设置工具栏中的参数，识别正常颜色的端帽产品。工具栏中的参数同上一步，其中"筛选"的参数设置为筛选出半径大于 4 且小于 20 的白色圆，如图 12-10 所示，识别出 96 个白色的小圆，就是颜色正常的试管端帽。

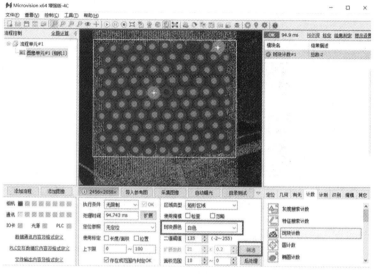

图 12 - 9 添加"斑块计数"工具

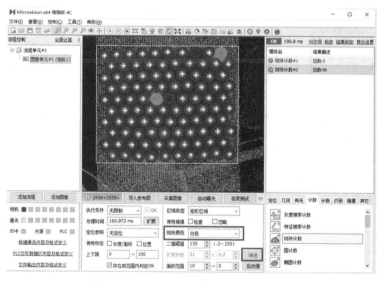

图 12 - 10 添加另一个"斑块计数"工具

（6）添加"公式运算"工具，如图 12 - 11 所示，计算 100 个试管里面有几个是没有垫片的试管，计算方式为 100 减去垫片检测个数及异色试管统计个数。在工具参数栏中的"计算公式"中选择运算公式"100－X1"，然后添加两个"斑块计数"的结果作为"参考数值"，得到"公式计算"的结果为 2，表示有两个缺垫的试管。

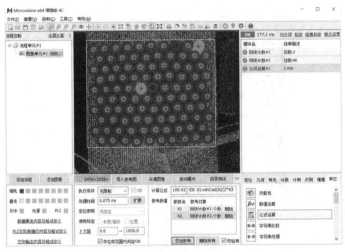

图 12-11　添加"公式运算"工具

（7）双击"流程单元"，"流程触发信号"设置到"输入 0"上，用来触发相机拍照，如图 12-12 所示。

图 12-12　配置"流程触发信号"

（8）双击"图像单元"，选择"结果 NG"信号到"输出 1"，如图 12-13 所示。

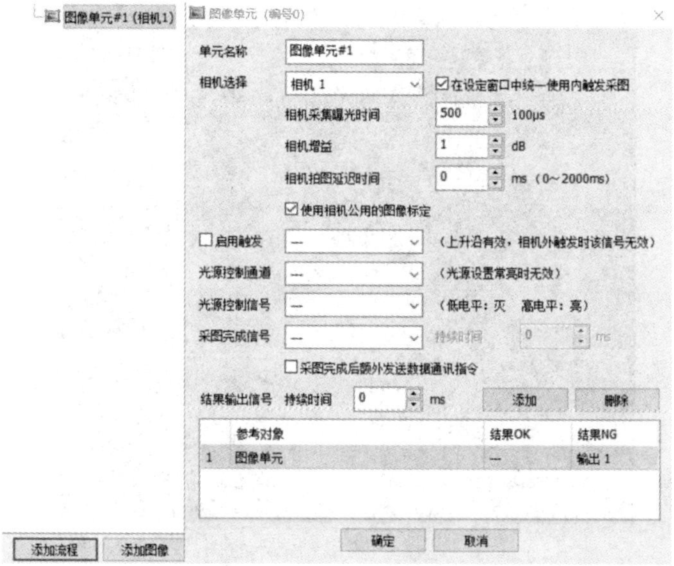

图 12-13　配置"结果输出"

（9）点击"环境设置"里的"数据存档"栏目，选择数据保存路径以及保存的方式，可以选择保存原图、保存界面截图以及设置图片格式，如图 12-14 所示。

图 12-14　配置"数据存档"

（10）软硬件以及通讯设置完成后运行软件，进行检测，检测结果如图 12 - 15 所示。

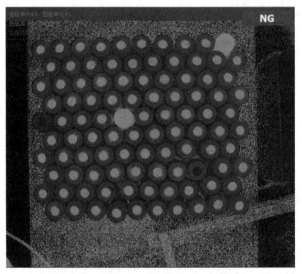

图 12 - 15　检测结果示意图

3. 检测准确性验证流程及思路

任何机器视觉项目在调试完成后，都需要对系统的软硬件配置参数进行验证，验证的目的是确保硬件系统可以 100% 地将所有"异常"特征（没有套帽和垫片的情况）凸显出来，同时我们之前设置的参数（比如用圆外径筛选）是可以全部区分"正常"和"异常"情况的。

本项目属于"有无"＋"颜色"检测类，我们选择 100 个人眼判定为"合格"的产品和 10 个人眼判定为"不合格"的产品，分别在不同位置和角度给出这 110 个产品的检测结果，比对系统判定结果和人眼判定结果是否一致。如果 100 个"合格"产品在各种情况下系统判定都是合格的，10 个不合格产品在各种情况下系统判定都是不合格的，则认为本视觉系统的重复精度满足要求。

12.2　轴承尺寸测量

12.2.1　行业背景介绍

汽车行业作为一个自动化程度较高的行业，很多先进的自动化技术已经成功运用到该行业各个生产流程中。在汽车生产制造中，要求验证每一次装配的正确性及装配部件的合格性。传统的检测方式耗费大量的人力物力，容易受到工人主观情绪及自身技术水平的影响，不能保证很高的检验合格率。机器视觉技术以其独特的技术优势成为自动检测系统的首选，例如汽车零部件的尺寸及外观质量检测、自动装配正确性的检测等。

动力系统是汽车的"心脏"，汽车零部件生产制造过程中质量把控至关重要。目前，上汽、一汽和东风等大型汽车企业均采用机器视觉检测，来确保庞大数量的产品生产监控。轴承是汽车动力系统中的关键部件之一，也是影响整车安装的关键部件，如图 12-16 所示。轴承的生产过程中，对各个工序的工艺要求非常严格，任何部位的尺寸不合格或外观不合格都会影响下一步的装配工序。因此，轴承生产厂家出厂的所有轴承都要 100% 经过检测。

图 12-16 轴承示例

本节针对汽车零件轴承的尺寸检测系统进行分析，对轴承的内圆和外圆半径进行尺寸测量。整个项目使用 VisionBank 实现全部流程。

12.2.2 项目需求分析

以某光学分拣机厂商的"轴承分拣项目"为例，光学分拣机是通过视觉系统将产品按某些特定要求（比如按尺寸分类、按是否有缺陷分类、按字符内容分类等）进行分类的设备。本项目设计的视觉系统需要将"内外径"和"轴承标号"不满足标准的轴承剔除出去。所有检测都只通过一个摄像头来完成，光学分拣机的自动化部分本案例不做叙述，与视觉系统设计相关的核心要素如下：

（1）拍摄范围：本项目识别的轴承尺寸外径为 32 mm，视野范围设计为 45 mm×34 mm（相机芯片比例为 4∶3）。

（2）安装高度：本工位以视觉检测功能为核心，其他机构都以视觉系统的参数需求为主，所以安装空间无特殊要求。

（3）识别精度：本项目涉及的精度分析有两部分，一是尺寸测量，产品的工艺误差为 5 μm，所以检测精度设计为 0.005 mm；二是字符识别，字迹的宽度为 0.1 mm 左右，由于采用相同的硬件，这部分精度要求可以不做考虑。

（4）识别速度：按照流水线的运行速度，每秒能通过 2 个产品，故视觉系统的识别速度设计为每秒 4 帧图片。

（5）运动速度：流水线速度为 0.05 m/s，属于低速抓拍，工业相机依然需要帧曝光。

（6）通讯方式：本项目使用的控制系统是台达 PLC，需要的信号只是产品是否合格，所以采用 IO 输出结果信号。

12.2.3　硬件系统构建

基于项目需求分析的数据,构建以下核心视觉部件:

(1) 工业相机。本项目要求的精度很高,故采用 1/2 亚像素,视野范围(45 mm)/检测精度(0.01 mm,1/2 亚像素分割精度后为 0.005 mm)= 4500,故相机型号选择 MV – E1600M的CCD工业相机,相机分辨率为 4896×3264,最大帧率为 5 f/s,选择帧曝光模式。

(2) 工业镜头。镜头选择光学畸变非常小的双远心镜头,型号为 BT – F064,倍率为 0.561×,视场宽高为 64.2×42.8,物距为 182 mm,景深为 4 mm,光圈为 16,畸变小于 0.08%。

(3) 光源。通过试验测试,最终选择蓝色环光从正面打光,光源控制器选择"常亮"控制的模拟控制器。

(4) 智能视觉控制器。由于此项目用的是 1600 万像素的工业相机,基础版的 SVC300 已经不能满足需求,故采用性能更好的 SVC600P 智能视觉控制器,处理器为 Intel i7 7700,内存为 8 GB,存储空间为 128 GB SSD,有 3 个 GigE 相机接口且可扩展,8 路 I/O 输入,8 路 I/O 输出。

综合上述核心器件选型,视觉系统硬件安装示意图如图 12 – 17 所示。

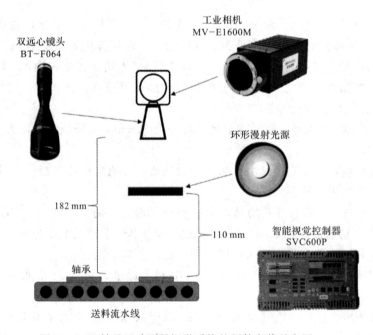

图 12 – 17　轴承尺寸测量视觉系统的硬件安装示意图

12.2.4 测量方案配置

搭建好以上硬件系统,调节好光源的亮度、相机曝光时间、增益后,在自动模式下存储不同位置的"轴承"图片。基于 VisionBank 软件对轴承尺寸测量进行流程分析,然后基于流程分析结果配置检测方案并进行方案验证。

1. 流程分析

在检测一个汽车零件轴承的尺寸是否合格之前,首先对采集到的图片进行定位,防止产品发生偏移引起检测误差;然后对图像进行两次圆检出,检出轴承的内径和外径,计算待测轴承的尺寸。检测流程图如图 12 - 18 所示。

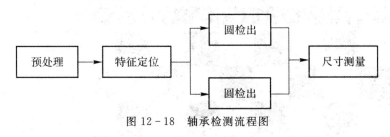

图 12 - 18 轴承检测流程图

2. 检测方案配置

(1) 打开 VisionBank 软件,点击"环境设置",在弹出的对话框中的"相机选择"栏里选择所对应的相机品牌,在"IO 与光源控制"框中选择 IO 方式,如图 12 - 19 所示。

图 12 - 19 IO 配置

（2）回到 VisionBank 主界面，导入一帧轴承图片。选中"图像单元"，点击主界面右上角的"标定"按钮，选择"长度/面积标定"栏目，标定图可以是一定大小的棋盘格或者网格标定板，也可以是比例尺。选择为比例尺标定时，仅粗略标定像素与物理单位之间的比例关系，即缩放比，可用于简单的测量。为了得到更高的精度，需要考虑相机倾斜安装和镜头畸变等因素，必须使用"标定板"标定方法。本项目采用棋盘格标定板进行标定，将事先做好的棋盘格放在检测位置上，点击"采集图像"；然后输入选中的总行数、总列数以及间隔距离，点击标定，如图 12-20 所示，这样就完成了像素尺寸转化为实际尺寸的操作。

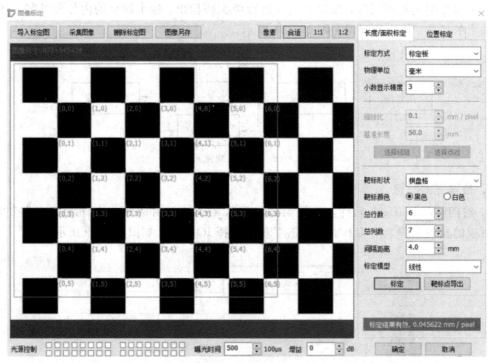

图 12-20　棋盘标定

（3）点击主界面右上角的"预处理"工具，选择合适的预处理算法，提高导入图像的质量。考虑到检测目标的生产环境的影响，拍摄的图像可能会有噪声，预处理除了进行灰度化处理，还要添加高斯滤波消除噪声。后续再选择的模块是在预处理之后的图像上执行的。

在主界面右下角视觉模块栏的"定位"模块中找到"特征定位"。双击该工具，图像界面出现两个矩形选择框，较大的选择框为搜索区域，较小的选择框为"特征定位"的模板搜索区域。我们选择字符区域作为模板区域，将两个选择框拖曳至如图 12-21 所示位置。

图 12-22 所示的"特征定位"工具参数栏中的"可靠度"值越高，定位的结果越准确，但过高的准确率会增加定位时间，参数范围为 0～10，默认值为 6。"最大角度"是待测图像中

智能视觉技术及应用

目标与模板的角度差异最大值，参数范围为 0~180°，默认值为 15°。"检出阈值"控制待定位物体与模板的相似程度，参数范围为 15~99，默认值 60。根据实际的检测需求和效果来调整参数的值，设置可靠度为 6，检出阈值为 60，最大角度为 180°，如图 12-22 所示。

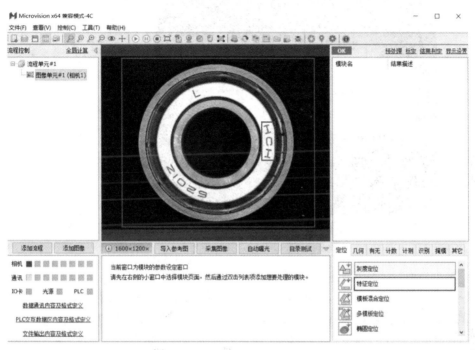

图 12-21　添加"特征定位"工具

图 12-22　"特征定位"工具参数栏

　　（4）在"特征定位"工具参数栏的右边可以看到一副缩小的图像，该图像展示了模板图像以及提取出的轮廓特征，点击"重定义"可以更改模板区域，点击"编辑"会弹出图 12-23 所示的界面，可以通过"参考点"中的不同模式选择模板图像的参考点，作为特征定位的定位点。另外还可以通过"模型参数"中的"边缘尺度"和"边缘阈值"调整模板图像中的边缘点个数。

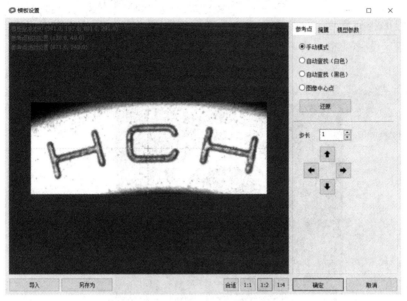

图 12-23　编辑模板

（5）在主界面右下角视觉模块栏的"有无"模块中找到"圆检出"。

"圆检出"的实现原理是在设定的环形 ROI 区域内等间距设置一组由外圆环到内圆环的扫描线；沿扫描线进行投影累积后计算均值（差分滤波），由均值的大小和符号确定是否符合预设参数，每条扫描线中扫描出一个边缘点；最后将扫描出的边缘点拟合圆作为检测出的圆。

添加两个"圆检出"工具，调整区域如图 12-24 和图 12-25 所示，点击"添加"，该工具用来识别出轴承的内外径拟合圆。需注意，要勾选图 12-24 中左下角的"使用标定"栏目下的"长度/面积"标定，这样输出的结果值才是实际测量值。

"圆检出"的工具参数栏中的"颜色变化"用来设定扫描线的方向，有"黑到白"和"白到黑"两个选择。"选点方式"即沿着 ROI 设定的扫描方向进行扫描，寻找"峰值点"或者"最先找到点"作为边缘点。"峰值点"指扫描方向上边缘最强且超过检出阈值的点。"最先找到点"指扫描方向上最先找到的边缘强度超过检出阈值的点。"选点数量"即沿着 ROI 设定的扫描方向等间隔设置扫描线进行扫描时扫描线的数量。数量为 0 时表示自动选择，一般为逐像素设置扫描线；数量大于 0 时表示实际的扫描线数量。"边缘阈值"即图像上检出边缘点时的阈值，参数范围为 0～255，默认值为 20。"线宽度"即在扫描方向上选择一定的线宽扫描边缘点，可抑制噪声，综合扫描方向上多个像素的信息寻找边缘，边缘位置会更稳定一点；参数范围为非负整数，默认值为 3。"滤波长度"为差分滤波器的半长度。"深度阈值"参数仅在用户选择寻找第一个满足上述要求的边缘点时有效。大于设定阈值的边缘点与下一个大于同样阈值的反色边缘点的距离定义为此边缘点的深度。深度小于"深度阈值"的边缘点被认为是噪声，此时算法将跳过该点继续寻找满足要求的边缘点。"找圆得分"根据边缘点落在圆上的点的比例可计算得到圆的得分，用来筛选某些虚假的圆。选中"使用忽略掩模"选项后可使用忽略掩模过滤部分边缘点。根据实际的检测需求和效果来调整参数的值，经过试验，参数值设置如图 12-24 和图 12-25 所示。

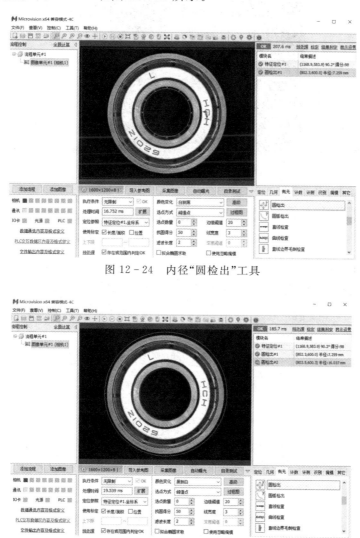

图 12-24　内径"圆检出"工具

图 12-25　外径"圆检出"工具

（6）在主界面右下角视觉模块栏的"其它"模块中找到"公式运算"，添加"公式运算"工具，计算上面检测出的两个圆的直径。点击左下角的"添加参考"，添加想要计算的数据，这里添加"圆检出♯1.圆直径"。同理，再添加一个"公式运算"计算出"圆检出♯2.圆直径"，如图 12 - 26 所示。

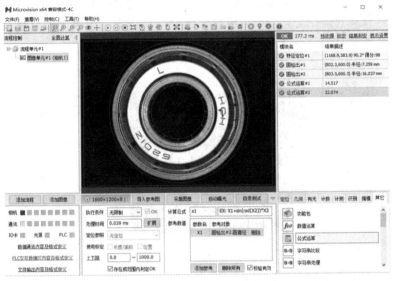

图 12 - 26　计算"圆检出♯1"和"圆检出♯2"的圆直径

（7）双击软件界面左上方的"图像单元"，点击下方"添加"按钮，添加"图像单元♯1"的 OK、NG 输出信号的通道，如图 12 - 27 所示。

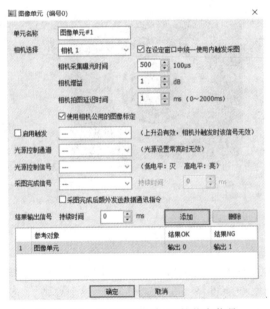

图 12 - 27　添加"图像单元"的状态信号

（8）点击"环境设定"里的"数据存档"栏目，选择数据保存路径以及保存方式，可以选择保存原图、保存界面截图以及设置图片格式，如图 12-28 所示。

图 12-28　设置数据存栏

（9）点击主界面左下角的"文件输出内容及格式定义"，添加想要保存的数据，如图 12-29 所示。这样就可以在上一步所设置的路径下找到检测出的轴承内外径的 Excel 数据文件。

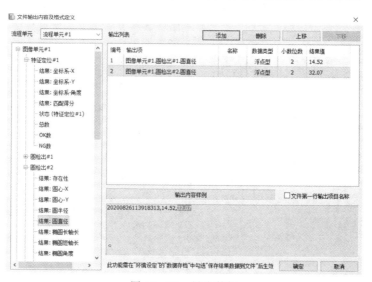

图 12-29　导出数据

（10）软硬件以及通讯设置完成后，运行软件进行检测。

3. 检测准确性验证流程及思路

本项目属于典型的尺寸测量类项目，尺寸测量类项目的重复精度验证包括两方面：一是视觉系统本身的软硬件配置精度是否满足要求，验证方法是取一个合格产品，在视觉系统视野范围内随机移动测量 25 次数据，测量结果的最大值和最小值之差就是视觉系统本身的重复精度；二是验证视觉系统选择的光源和软件算法的"抗干扰"能力，验证方法是取 25 个不同的合格产品，随机放在视野范围内获取测量结果，一般用测量结果的平均值和合格产品本身尺寸的平均值来比较误差。

本 章 小 结

本章分别围绕计数和测量技术，详细介绍了采血试管计数和轴承尺寸测量两个智能视觉应用案例，展示了颜色面积测量技术、圆检测技术等在具体检测过程中的应用范式，加深读者对利用基础的视觉工具组合进行各类智能视觉应用的理解，提升读者对前面章节知识的学习效果。

第13章 基于缺陷检测和测量计数的智能视觉应用

13.1 手机外壳缺陷检测

13.1.1 行业背景介绍

智能手机作为移动互联网时代的重要载体，是全球新一轮信息技术创新的重要领域，整个产业的发展将有力地推动移动互联网的快速发展。手机、平板电脑等智能终端设备改变了我们的生活方式，软硬件技术的发展也使新产品不断问世。中国是全球最大的手机生产中心，中国手机产量约占据全球手机总产量的80%。手机行业中用到机器视觉的地方非常多，如图13-1所示。手机加工件主要由手机外层的外观件和手机内层的结构件组成，本节以手机外壳表面的缺陷检测项目为例，展示智能视觉在手机制造行业的应用。

图13-1 手机行业视觉检测系统示意图

手机作为大众消费产品，产品本身直接面向广大用户，对产品的外观要求很高，不能有任何瑕疵，所以在手机外壳成型后需要对表面进行缺陷检测。手机外壳的常见缺陷如图13-2所示。

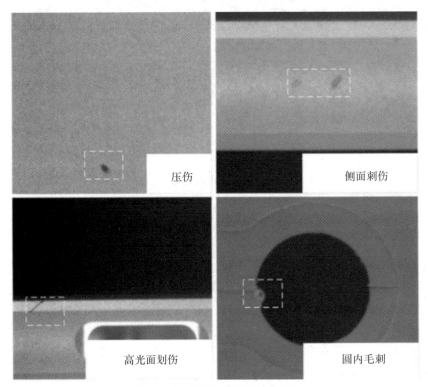

图 13-2　手机外壳常见的缺陷

13.1.2　项目需求分析

手机外壳的生产线类型非常多，每个自动化厂商都有自己的实现方式。某厂的手机外壳工件自动化生产线已经具备，目前需要在已有的自动化线上增加视觉检测工位，目的是把不合格产品剔除掉。根据项目要求，梳理视觉项目选型所需的关键因素如下：

(1) 拍摄范围：本项目识别的手机外壳尺寸为 138 mm×67 mm×7.3 mm，在宽度为 160 mm 的自动化流水线上依次通过，所以视野范围设计为 160 mm×120 mm(相机芯片比例为 4∶3)。

(2) 拍摄距离：无要求。

(3) 识别精度：0.07 mm。

(4) 识别速度：按照流水线的运行速度，每秒能通过 4 个产品，故视觉系统的识别速度设计为每秒 8 帧图片。

(5) 运动速度：1 m/s，属于高速抓拍项目，工业相机需要帧曝光。

(6) 通讯方式：本项目是质量检测，结果只是输出 OK 或 NG，故采用 I/O 通讯。

（7）该项目需要配备三套视觉系统，因为手机后壳的左右两侧以及背面都需要检测。

13.1.3 硬件系统构建

基于以上项目需求分析的数据，构建以下核心视觉部件：

（1）工业相机。视野范围（160 mm）/检测精度（0.07 mm）＝2286，故选择 MV－EM510M 型号的 CCD 工业相机，最高分辨率为 2456×2058，最大帧率为 15 f/s，选择帧曝光模式。

（2）工业镜头。选择型号为 BT－23C0814MP5 的 8 mm 定焦镜头，视场角为 67.1°×56.3°×43.7°，光圈范围为 F＝1：（1.4～16）。

（3）光源。通过试验测试，最终选择白色条型光源，该光源适合较大被检测物体的表面照明，可以从任何角度提供配合物体的斜射照明，在条形结构中具有高亮度的分布，广泛应用于金属表面检查、表面裂缝检查、胶片和纸张包装破损检测等。光源控制器选择"常亮"控制的模拟控制器。

（4）智能视觉控制器。本项目需要配备三套视觉系统，因为手机外壳的左右两侧以及背面都需要检测，所以性能不能太差，这里选用 SVC600P 智能视觉控制器。具体配置为：处理器用 Intel i7 7700，内存为 8 GB，存储空间为 128 GB SSD，有 3 个 GigE 相机接口且可扩展，8 路 I/O 输入，8 路 I/O 输出。

综合上述选型，视觉系统硬件安装示意图（图中只列出了检测背面缺陷的相机）如图13－3所示。

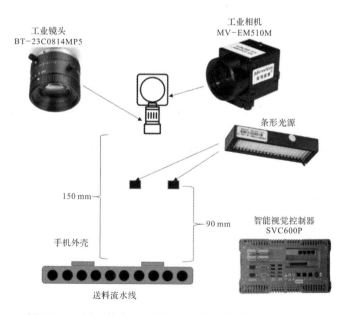

图 13－3 手机外壳缺陷检测视觉系统硬件安装示意图

13.1.4 检测方案配置

搭建好以上硬件系统，调节好光源的亮度、相机曝光时间、增益后，在自动模式下存储大量不同位置的"手机外壳"图片。基于 VisionBank 软件对手机外壳缺陷检测进行流程分析，然后基于流程分析结果配置检测方案并进行方案验证。

1. 流程分析

在实际的工业场景中，通过各工位相机拍摄手机辅料的局部图像，将合格的手机辅料的各个工位的局部图像作为模板，给采集到的待测图片进行定位。定位到缺陷检测区域之后，就可以开始检测该区域中是否含有缺陷，检测流程如图 13-4 所示。

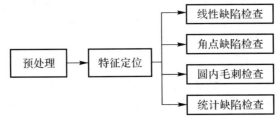

图 13-4　手机外壳检测流程图

2. 检测方案配置

(1) 打开 VisionBank 软件，点击"环境设定"，在"相机选择"栏目里选择所对应的相机品牌，如图 13-5 所示；在"IO 与光源控制"框选择 IO 方式，如图 13-6 所示。

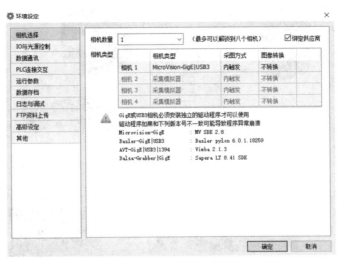

图 13-5　相机选择

图 13-6 数据通讯配置

选择完成后返回到软件主界面，可以在左下角看到相机和 IO 卡已经变成绿色，代表连接成功。

（2）回到 VisionBank 主界面，导入一帧手机外壳图片。点击编辑界面右上角的"预处理"工具，选择合适的预处理算法，提高导入图像的质量，本案例中的图像质量较高且没有噪声。另外，由于缺陷检测需求，其他的预处理操作可能会使得图像的缺陷特征丢失，预处理只需要进行灰度化处理即可。后续再选择的模块是在预处理之后的图像上执行的。

在右下角视觉模块栏的定位模块中选择"特征定位"，双击该工具，图像界面出现两个矩形选择框，较大的选择框为搜索区域，较小的选择框为"特征定位"的模板搜索区域。我们选择手机外壳的插口区域为模板区域，将两个选择框拖曳至如图 13-7 所示的区域。

"特征定位"的工具参数栏中的"可靠度"值越高，定位的结果越准确，但过高的准确率会增加定位时间，参数范围为 0～10，默认值为 6。"最大角度"是待测图像中目标与模板的角度差异最大值，参数范围为 0～180°，默认值为 15°。"检出阈值"控制待定位物体与模板的相似程度，参数范围为 15～99，默认值 60。根据实际的检测需求和效果来调整参数的值，设置可靠度为 6，检出阈值为 60，最大角度为 15°，如图 13-8 所示。

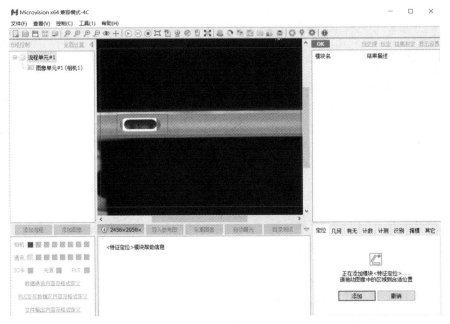

图 13 - 7　选择模板区域

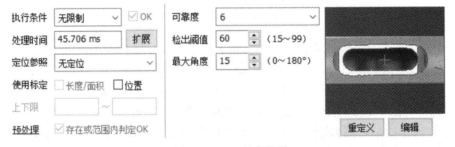

图 13 - 8　工具参数栏

　　(3) 在"特征定位"工具参数栏的右边可以看到一副缩小的图像,该图像展示了模板图像以及提取出的轮廓特征,点击"重定义"可以更改模板区域;点击"编辑"会弹出图 13 - 9 所示的界面,可以通过"参考点"中的不同模式选择模板图像的参考点,作为特征定位的定位点。另外还可以通过"模型参数"中的"边缘尺度"和"边缘阈值"调整模板图像中的边缘点个数。

　　(4) 在右下角视觉模块栏的识别模块中选择并添加"线状缺陷"检测工具,检测划痕类缺陷,如图 13 - 10 所示。调整参数模块里的缺陷颜色、降噪系数、滤波等参数,识别出手机外壳上的缺陷。"线性缺陷检查"的实现原理为:首先对图像进行高斯滤波以消除噪声;然后在设定的 ROI 区域内等间距设置一组平行的扫描线,扫描线是有方向的,从起始点指

238

向终止点；沿扫描线进行投影累积后计算均值（差分滤波），由均值的大小和符号确定是否符合预设参数，每条扫描线中扫描出一个边缘点；最后将扫描出的边缘点拟合成线段，将符合传入参数的线段标记为缺陷。

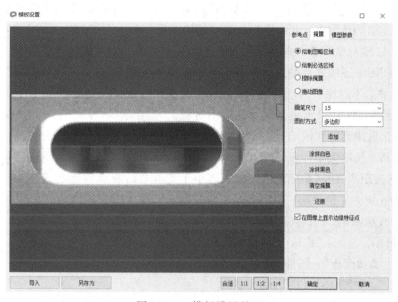

图 13-9　模板设置界面

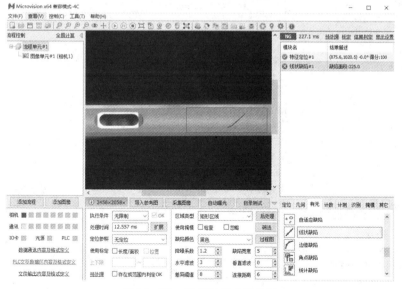

图 13-10　线性缺陷参数设置

239

"线状缺陷检查"的工具参数栏中,"区域类型"指缺陷检测区域的类型,目前支持矩形区域、圆形区域和环形区域。"使用掩膜"用于忽略处理区域中某片区域,这里不用选择。"缺陷颜色"有黑色、白色、黑色或白色三个选项,表示被检出缺陷相对于背景的颜色;根据检测目标来选择,默认为检查黑色缺陷。"降噪系数"是对图像进行高斯滤波的尺度参数,以去除噪声,参数越大模糊的越厉害,默认值为 2.0。"缺陷宽度"表示线缺陷的最大宽度,以像素为单位,默认值为 6。线状缺陷增强时需要使用此参数估计内部参数,线状缺陷增强后得到线状强度。"水平过滤"用于逐像素自动过滤掉与水平线夹角小于此参数的线状缺陷,默认值为 0 时,表示水平线状缺陷不过滤。"垂直滤波"用于逐像素自动过滤掉与竖直线夹角小于此参数的线状缺陷,默认值为 0 时,表示竖直线状缺陷不过滤。"差异阈值"是指对线状强度的二值化阈值,通过二值化后得到线状缺陷,默认值为 10。二值化后缺陷可能是断开的,所以检出的都是线状缺陷的片段,长度大于片段长度和面积大于片段面积的被认为是有效的片段缺陷,将被标记出来。"连接距离"线状缺陷片段之间距离小于此参数时将会被连起来作为一个缺陷,从而将片段缺陷连接为完整缺陷。连接后的完整缺陷,长度大于长度阈值且面积大于面积阈值的将被认为是线状缺陷。根据实际的检测需求和效果来调整参数的值,经过试验,参数值设置如图 13 - 10 所示。至此,"相机 1"的检测流程已经配置完成。

(5)点击"添加流程",添加"流程单元♯2",然后双击该流程单元下的图像单元,选择相机为"相机 2",如图 13 - 11 所示。

图 13 - 11 添加"图像单元"

（6）同理在右下角视觉模块栏的识别模块中选择并添加"角点缺陷"检测工具,检出手机外壳另一侧面的缺陷,如图 13-12 所示。角点检测的实现原理是:首先对图像进行高斯滤波以消除噪声;然后使用 Harris 算法对图像中的角点进行增强,得到角点强度图;最后对角点强度图使用大津法阈值分割法得到角点缺陷二值图,计算白色连通区域面积,面积大于最小面积的就被标记为缺陷。

"角点缺陷"检查的工具参数栏的"滤波系数"为对图像进行平滑预处理的参数,这里使用高斯滤波,所以此参数为高斯滤波的 Sigma 参数。"K 阈值"是 Harris 角点增强算法的 K 值;"角点阈值"为对角点强度图像进行二值化的参数;"面积范围"是角点缺陷的最小和最大面积阈值。根据实际的检测需求和效果来调整参数的值,经过试验,参数值设置如图 13-12 所示。

至此,"相机 2"的检测流程已经配置完成。

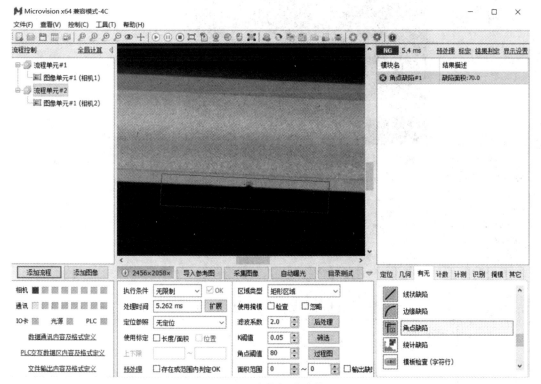

图 13-12　角点缺陷参数设置

（7）同理,添加"流程单元♯3",并选择相机为"相机 3",在右下角视觉模块栏的"识别"模块中选择并添加"圆检出"检测工具,结合"公式运算"参数设置检测手机外壳背面缺陷,检测效果如图 13-13 所示。圆内毛刺的检测方法是对检测区域进行圆检出定位圆的位置，制作对应的圆形掩模；之后圆形掩模获取圆内图像，对图像进行大津法阈值分割法得到其二值图，计算白色连通区域面积，面积大于最小面积的就标记为缺陷。

(8) 在右下角视觉模块栏的"识别"模块中选择并添加统计缺陷检查工具，对手机外壳进行检测，检测效果如图 13-14 所示。统计缺陷检查的实现原理是，将图像的矩形区域或环形区域分割成大小相同的若干小块 B_{ij}（i 是行数，j 是列数），统计每个小块的均值和方差，分析寻找缺陷。判断分割块 B_{ij} 有缺陷的条件如表 13-1 所示。

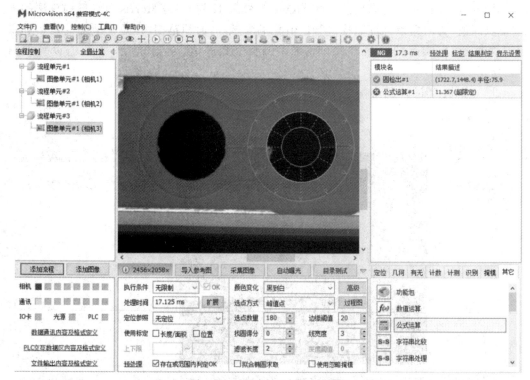

图 13-13　圆内毛刺检测效果

表 13-1　分割块 B_{ij} 有缺陷的条件

颜色模式	判定分割块 B_{ij} 有缺陷的条件
黑色	$A_{\mathrm{ref}} - A_{ij} > \bar{D}$ & $\mathrm{Sigma}_{\min} < S_{ij} < \mathrm{Sigma}_{\max}$
白色	$A_{ij} - A_{\mathrm{ref}} > \bar{D}$ & $\mathrm{Sigma}_{\min} < S_{ij} < \mathrm{Sigma}_{\max}$
黑色或白色	$\lvert A_{ij} - A_{\mathrm{ref}} \rvert > \bar{D}$ & $\mathrm{Sigma}_{\min} < S_{ij} < \mathrm{Sigma}_{\max}$

其中，A_{ij} 和 S_{ij} 是分割块的均值和方差，D 是配置的"平均差异"值，$Sigma_{max}$ 和 $Sigma_{min}$ 分别是"Sigma 范围"配置的最大值和最小值。参考值 A_{ref} 可以使用行内均值参考值 A_i，也可以使用全局均值参考值 A。参考值可通过统计缺陷检查工具参数栏中"比较方式"来选择。目前有两种比较模式，分别是行内比较和全局比较。如果比较方式选择行内比较，则对每个行所有子块的均值相加再次求均值，得到行内均值参考值 A_i，使用 A_i 作为参考来检查第 i 行的每个子块；如果比较方式选择全局比较，则对所有子块的均值再次求平均，得到全局均值参考值 A。"平均差异"和"Sigma 范围"也在参数栏中设定。根据实际的检测需求和效果来调整参数的值，经过试验，参数值设置如图 13-14 所示。至此，"相机 3"的检测流程已经配置完成。

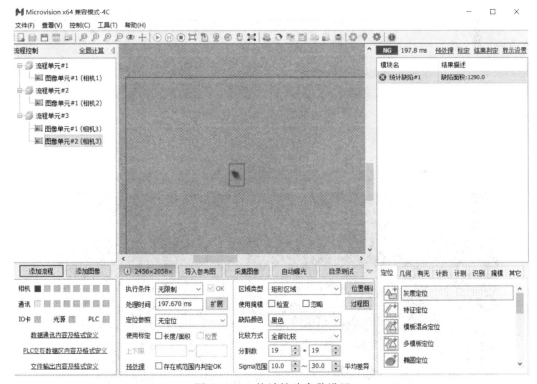

图 13-14　统计缺陷参数设置

（9）双击图像单元，点击下方"添加"按钮，添加"图像单元"的 NG 输出信号的通道，如图 13-15 所示。

（10）软硬件以及通讯设置完成后，运行软件进行检测，如图 13-16 所示。

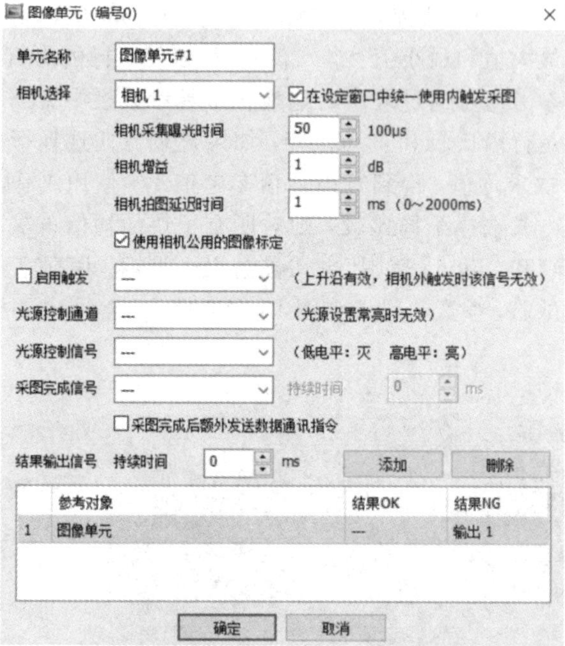

图 13-15　添加"图像单元"的状态信号

图 13-16　手机外壳缺陷检测系统的实际运行

3. 检测准确性验证流程及思路

任何机器视觉项目在调试完成后，都需要对系统的软硬件配置参数进行验证，验证的目的是确保配置的硬件系统可以 100％的将所有"异常"特征(缺陷)凸显出来。

本项目属于"缺陷有无"检测类，选择 100 个人眼判定为合格的产品和 10 个人眼判定不合格的产品，分别在不同位置和角度给出这 110 个产品的检测结果，比对视觉检测结果和人眼判定结果是否一致。如果 100 个合格产品在各种情况下系统判定都是合格的，10 个不合格产品在各种情况下系统判定都是不合格的，则认为本视觉系统的重复精度满足要求。

13.2 散热风扇尺寸测量及部件计数检测

13.2.1 行业背景介绍

随着工业的持续发展，散热风扇的运用越来越广泛，而且各个行业对散热风扇的需求越来越大，各种生产设备都离不开散热风扇。进入 21 世纪以来，由于电子通信、汽车等行业的快速发展，应用于电子、通信产品及用于设备散热的风机、风扇制造行业也发展较快。同时，随着电子组装元件技术的不断发展，电子设备的体积越来越小，系统也越来越复杂，高热密度成了一股不可抗拒的发展趋势，对风扇产品的质量要求越来越高。散热风扇示例如图 13-17 所示。

图 13-17 散热风扇示例

对于大需求量的散热风扇，使用人工检测已经远远满足不了生产效率，而且会浪费大量的人力和时间，长时间工作又无法保证质检准确率。为了提升散热风扇外观质量检测的效率和准确率，越来越多的厂商采用机器视觉检测系统。厂商会在生成线上采用机器视觉的方法，通过对工件进行定位和检测，把不合格产品剔除掉，以此来保证风扇产品在外观上的高精确性。

本章针对风扇外观检测系统进行分析,从高度、角度、圆弧三方面对风扇边缘外观进行尺寸测量,另外还通过斑块计数来检测风扇控制电路的线条数。整个项目使用基于线扫相机的机器视觉检测平台 VisionBank LCS 实现全部流程。

13.2.2 项目需求分析

本节以某工厂的某型号散热风扇自动化检测升级项目为例进行介绍。该项目的主要目的是检测散热风扇各个元器件安装后的位置度是否满足标准,出现有问题产品时需要发出报警信号,然后人工参与维修后再次检测,直到产品合格或报废。依据项目要求梳理以下视觉选型的核心要素:

(1) 拍摄范围:本项目检测的散热风扇尺寸为 100 mm×130 mm,放在 110×140 流水线上依次通过。综合考虑精度和速度,本项目计划选用线阵相机,所以视野范围为 140 mm(线阵相机只需要考虑视野宽度以及线阵相机的行频,一般不需要考虑长度方向)。

(2) 拍摄距离:该项目对安装空间无要求。

(3) 识别精度:产品允许的最大误差为 0.01 mm,当检测出超过这个精度的产品时需要发出报警信号。

(4) 识别速度:产品间隔为 100 mm 左右,所以每秒最多会有 4 个产品经过,故检测速度设计为每秒 4 个。

(5) 运动速度:流水线速度为 1 m/s。

(6) 通讯方式:本项目使用的控制系统是欧姆龙 PLC,通讯方式采用串口通讯。

13.2.3 硬件系统构建

基于项目需求分析的数据,选择以下核心视觉部件:

(1) 工业相机。视野范围(140 mm)/检测精度(0.01 mm)=14 000。很显然,面阵相机很难满足该分辨率要求,所以本项目选用 16K 线阵相机,最高分辨率为 16 384×1,最大行频为 72 kHz。

(2) 工业镜头。选择型号为 AFT - LCL50 的 50 mm 定焦镜头,视角为 46°×56.3°×43.7°,光圈范围为 F1.8~F22。

(3) 光源。通过试验测试,最终选择的是白色"线阵光源",该光源发光均匀、稳定,能满足检测需求。光源控制器选择"常亮"控制的模拟控制器。

(4) 智能视觉控制器。根据性能要求,本项目选用 SVC600P 智能视觉控制器。具体配置为:处理器为 Intel i7 7700,内存为 8 GB,存储空间为 128 GB SSD,有 3 个 GigE 相机接口且可扩展,8 路 I/O 输入,8 路 I/O 输出。

综合上述选型,视觉系统的硬件安装示意图如图 13 - 18 所示。

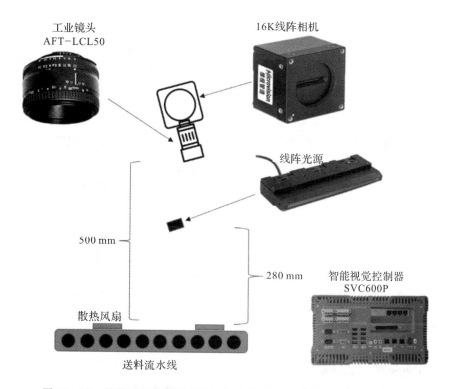

工业镜头
AFT-LCL50

16K线阵相机

线阵光源

500 mm

280 mm

智能视觉控制器
SVC600P

散热风扇

送料流水线

图 13-18　散热风扇尺寸测量及部件计数视觉系统的硬件安装示意图

13.2.4　检测方案配置

当本项目所选择的机器视觉硬件全部安装完毕后，就可以开始基于 VisionBank LCS 环境进行视觉检测系统的整体调试了。VisionBank LCS 是一个基于线扫相机的机器视觉检测平台，适用于解决缺陷检查、尺寸测量等常见的线扫工业检测需求。搭建好以上硬件系统，调节好光源亮度、相机曝光时间、增益后，在自动模式下存储大量不同位置的散热风扇图片。基于 VisionBank 对散热风扇尺寸测量以及部件有无检测进行流程分析，然后基于流程分析结果配置检测方案并进行方案验证。

1. 流程分析

采集模块通过线扫相机拍摄的风扇图像只在竖直方向上下移动，所以可以使用更简单的水平线定位算法确定待检测风扇的位置，再进行对风扇形状的测量。在水平线定位后，将待检测图像的检测窗口移动到与参考图像相对的位置，就可以测量风扇各部分的数据。检测流程如图 13-19 所示，检测过程包括五个边检测、一个斑块计数和一个圆弧检测，还需要计算其中两个边的距离和两个边的夹角。

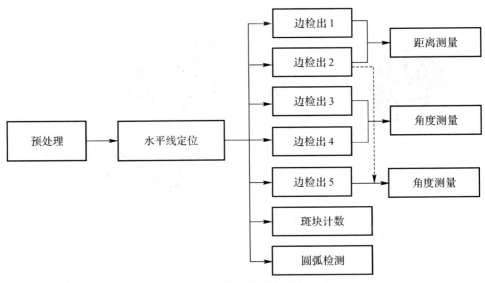

图 13 - 19　风扇外观检测流程图

2. 检测方案配置

（1）打开 VisionBank LCS 软件，点击"环境设定"，在弹出的窗口中的"相机选择"项里选择所对应的相机品牌、相机的配置文件、触发方式以及合适的图像尺寸，如图 13 - 20 所示。

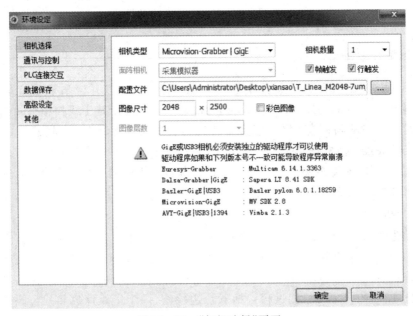

图 13 - 20　"相机选择"页面

在"通讯与控制"里面选择"串口通讯"，设置相应的端口以及波特率，如图 13 – 21 所示。

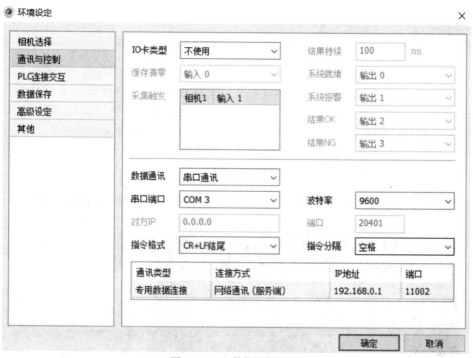

图 13 – 21　数据通讯配置

选择完成后返回到软件编辑界面，可以在右侧看到相机和通讯状态已经变成绿色（黑白印刷时为深灰色），如图 13 – 22 所示，代表连接成功。

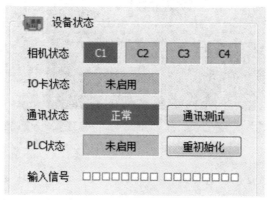

图 13 – 22　连接成功示意图

（2）回到 VisionBank LCS 主界面，导入一帧散热风扇图片。点击编辑界面右上角的"预处理"工具，选择合适的预处理算法，提高导入图像的质量。本案例中的图像质量较高且没有噪声，预处理只需要进行灰度化处理，去除掉多余的色彩信息即可。后续再选择的模块是在预处理之后的图像上执行的。

对导入的图片"粗定位"，使用直线和模板搜索构建坐标系，为后续轮廓分析、子图像检查和大区域检查提供最基本的"定位参照"。同时，在图像上手动指定两个点，并且手动输入这两个点对应的被检查物的物理坐标，可以建立近似的"图像坐标系与物体坐标系的坐标变换关系"。可选的定位方式有交叉线定位、标志物定位、水平线定位、竖直线定位和自由线定位。根据检测需求和目标的形状结构，这里定位方式选择水平线定位。其中，水平线定位的实现原理是利用边检出工具从图像坐标系原点向 Y 轴正方向移动来检测符合条件的水平直线，如图 13 - 23 所示。

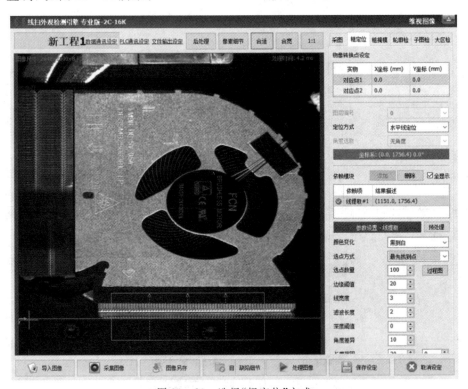

图 13 - 23　选择"粗定位"方式

（3）在软件界面右上方找到并添加"子图检"工具，点击"模块定义"的"设置"按钮，设置检测程序，如图 13 - 24 所示。

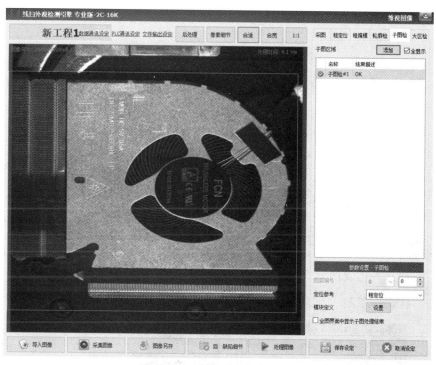

图 13-24　添加"子图检"工具

（4）在右下角视觉模块栏的"有无"模块中选择并添加"边检出"工具。"边检出"的实现原理是：首先在设定的矩形 ROI 区域内等间距设置一组平行的扫描线，扫描线是有方向的，从起始点指向终止点；然后沿扫描线进行投影累积后计算均值（差分滤波），由均值的大小和符号确定是否符合预设参数，每条扫描线中扫描出一个边缘点；最后将扫描出的边缘点拟合直线作为检测出的边。

"边检出"的工具参数栏中"颜色变化"用来设定扫描线的方向，有"黑到白"和"白到黑"两个选择。"选点方式"即沿着 ROI 设定的扫描方向进行扫描，寻找峰值点或者最先找到点作为边缘点。峰值点指扫描方向上边缘最强且超过检出阈值的点；最先找到点指扫描方向上最先找到的边缘强度超过检出阈值的点。"选点数量"即沿着 ROI 设定的扫描方向等间隔设置扫描线进行扫描时扫描线的数量，数量为 0 时表示自动选择，一般为逐像素设置扫描线；数量大于 0 时表示实际的扫描线数量。"边缘阈值"即图像上检出边缘点时的阈值，参数范围为 0～255，默认值为 20。"长度范围"是找到的边缘点拟合得到直线段之后，此直线段的长度范围，最大值为 0 时表示不限制。"角度差异"是找到的边缘点拟合得到直线段之后，此直线段与"边检出"ROI 的角度差异最大值，参数范围为 0～180°，默认值为 10°。根据实际的检测需求和效果来调整参数的值，经过试验，参数值设置如图 13-25 所示。

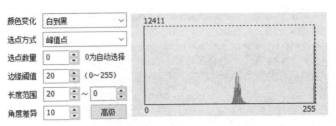

颜色变化	白到黑
选点方式	峰值点
选点数量	0 0为自动选择
边缘阈值	20 (0~255)
长度范围	20 ~ 0
角度差异	10 高级

图 13-25　"边检出"工具设置参数

（5）在"计测"模块中选择并添加"距离"工具，计测两个几何元素（点或者直线段）的距离。几何元素的距离类型可以分为三种情况，即两个点之间、两边之间、点和边之间。这里选择"边检出"检出的两条边作为计测对象，计算上下边之间的距离。

"距离"工具参数栏中"线段取点"有两种选择，"垂足"和"中点"。选择"垂足"，计算第一条直线段的中点到第二条直线段所在直线的距离；选择"中点"，计算两条直线段中点之间的距离。这里选择垂足的方式计算距离，如图 13-26 所示。

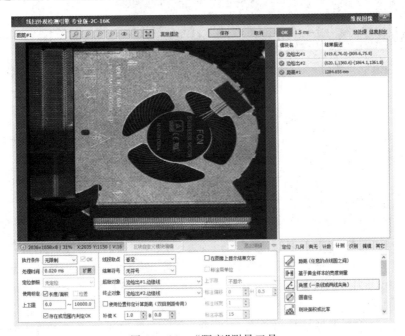

图 13-26　"距离"测量工具

（6）在右下角视觉模块栏的"计测"模块中选择添加两个"角度"检测工具，检测两个不同位置的角度。角度的计算是基于边检出得到的直线来计算一条直线段的倾斜角度或者两个直线段之间的夹角。计测一条直线段的倾斜角，即从直线段的起点到终点有向线段的倾斜角，直线段的倾斜角范围为－180～180°。计测两条直线段的夹角，即计测的是两条直线段所在直线的夹角，夹角范围0～90°。这里计算的是两条边的夹角，两个"角度"检测工具分别选择相应的边作为参考对象，如图13-27和图13-28所示。

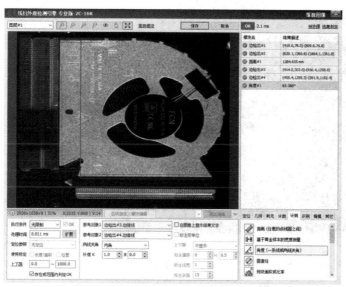

图13-27　添加"角度"检测工具1

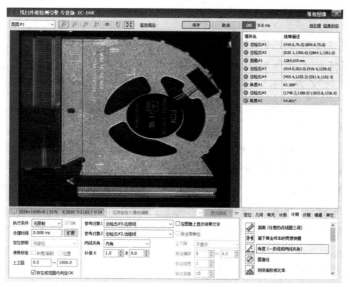

图13-28　添加"角度"检测工具2

（7）在右下角视觉模块栏的"有无"模块中选择并添加"圆弧检出"工具，"其它"模块中选择并添加"公式运算"工具，检测出产品圆弧半径。圆弧检测的实现原理和工具参数含义同边检出一样是在检测窗口内扫描出边缘点，再分别拟合为圆弧即可，如图 13-29 所示。

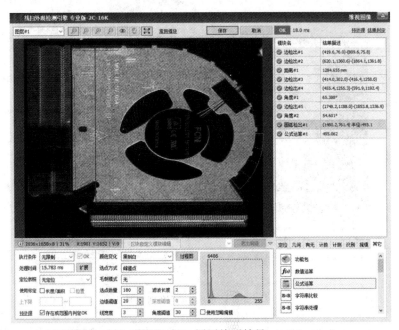

图 13-29　圆弧检测结果

（8）在右下角视觉模块栏的"计数"模块中选择并添加"斑块计数"工具，检测风扇控制电路的线条数。斑块是连通区域的简称，一般是指图像中具有相同像素值且位置相邻的前景像素点组成的图像区域。斑块计数的实现原理是对检测区域内图像进行二值化阈值处理，之后对连通区域进行面积的统计，根据用户对斑块面积的范围限制进行筛选，返回符合要求的斑块个数。

"斑块计数"工具参数栏中"区域类型"指缺陷检测区域的类型，目前支持矩形区域、圆形区域和环形区域。"使用掩膜"用于忽略处理区域中某片区域，这里不用选择。"斑块颜色"有黑色、白色两个选项，表示被检出缺陷相对于背景的颜色。"二值阈值"是图像通过阈值分割为"斑块"和"背景"区域灰度阈值，参数范围为-1~255；当参数为-1时表示根据直方图自动选择阈值；当参数在0~255之间时表示用户指定阈值；默认值为190。"二值阈值"也可以通过右侧的"直方图显示窗口"中调整竖直线来调节。"面积范围"指检出斑块的面积范围（像素单位），参数范围为非负整数；当面积最小值为0时表示最小面积不限制，当最大值为0时表示最大面积不限制。根据实际的检测需求和效果来调整参数的值，经过试验，参数值设置如图 13-30 所示。

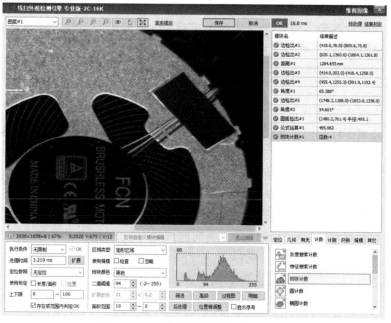

图 13-30 "斑块计数"工具参数设置

（9）点击"数据通讯内容及格式定义"，设置输出检测的数据，如图 13-31 所示。

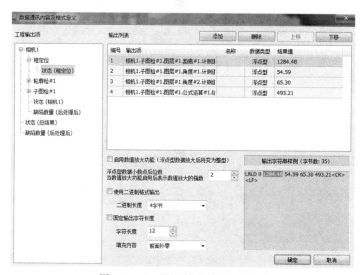

图 13-31 设置输出检测的数据

（10）软硬件以及通讯设置完成后，运行软件进行检测。

3. 检测准确性验证流程及思路

本项目属于尺寸测量类以及识别计数类项目，该类型的准确性验证方法已在第 12 章详细介绍过，请参考第 12 章的采血试管计数与轴承尺寸测量的案例。

本 章 小 结

本章首先介绍了以缺陷检测为核心的手机外壳缺陷检测应用案例，通过多相机检测系统及多检测流程单元设计，综合应用多种类型的缺陷检测算法，实现对多种缺陷的同时检测；然后针对高精度检测需求介绍了基于线阵相机的散热风扇尺寸测量及部件计数检测案例，通过综合应用多个边或圆检出工具，实现对复杂形状的测量及计数。与前面章节的应用案例相比，本章节的案例需要综合应用多种工具并合理设计检测流程，通过学习可以提升读者综合应用各类智能视觉技术解决复杂问题的能力。

参 考 文 献

[1] 韩九强. 机器视觉技术及应用[M]. 北京：高等教育出版社，2009.

[2] 赵小川. 机器人技术创意设计[M]. 北京：北京航空航天大学出版社，2013.

[3] 韩建海. 工业机器人[M]. 武汉：华中科技大学出版社，2009.

[4] 郝晓剑，刘吉，赵辉，等. 光电传感器件与应用技术[M]. 北京：电子工业出版社，2015.

[5] 李丹勋，曲兆松，王殿常. 粒子示踪测速技术原理与应用[M]. 北京：科学出版社，2012.

[6] 黄磊. 计算机网路应用基础[M]. 北京：北京邮电大学出版社，2017.

[7] 宋丽梅，王红一. 数字图像处理基础及工程应用[M]. 北京：机械工业出版社，2018.

[8] 余文勇，石绘. 机器视觉自动检测技术[M]. 北京：化学工业出版社，2013.

[9] 韩军，刘钧，路邵军. 工程光学[M]. 北京：国防工业出版社，2012.

[10] 黄跃华，温盛伟，路邵军. 自然科学基础[M]. 北京：上海交通大学出版社，2016.

[11] 王晓曼，王彩霞，赵海丽. 光电检测与信息处理技术[M]. 北京：电子工业出版社，2013.

[12] 胡涛，赵勇，王琦. 光电检测技术[M]. 北京：机械工业出版社，2014.

[13] GONZALEZ R，WOODS R. 数字图像处理[M]. 北京：电子工业出版社，2017.

[14] 黄宏伟，薛亚东，邵华. 城市地铁盾构隧道病害快速检测与工程实践[M]. 上海：上海科学技术出版社，2019.

[15] 董耀华. 物联网技术与应用[M]. 上海：上海科学技术出版社，2011.

[16] 韩九强，杨磊. 数字图像处理：基于 XAVIS 组态软件[M]. 西安：西安交通大学出版社，2018.

[17] 章毓晋. 计算机视觉教程[M]. 北京：人民邮电出版社，2011.

[18] 章毓晋. 图像处理基础教程[M]. 北京：电子工业出版社，2012.

[19] 徐飞，施晓红. MATLAB 应用图像处理 [M]. 西安：西安电子科技大学出版社，2002.

[20] 赵小强，李大湘，白本督. DSP 原理及图像处理应用[M]. 北京：人民邮电出版社，2013.

［21］ 马晓路，刘倩，时翔. MATLAB 图像处理从入门到精通［M］. 北京：中国铁道出版社，2013.

［22］ 张铮，王艳平，薛桂香. 数字图像处理与机器视觉：Visual C 与 Matlab 实现［M］. 北京：人民邮电出版社，2010.

［23］ 陈兵旗. 机器视觉技术［M］. 北京：化学工业出版社，2018.

［24］ 毛星云，冷雪飞. OpenCV3 编程入门［M］. 北京：电子工业出版社，2015.

［25］ 赵文彬，张艳宁. 角点检测技术综述［J］. 计算机应用研究，2006(10)：17 – 19，38.

［26］ 孙国栋，赵大兴. 机器视觉检测理论与算法［M］. 北京：科学出版社，2015.

［27］ 赵茂程，刘英. 机器视觉系统及农林工程应用［M］. 北京：中国林业出版社，2018.

［28］ 谭建豪. 数字图像处理与移动机器人路径规划［M］. 武汉：华中科技大学出版社，2013.

［29］ 山下隆义，张弥. 图解深度学习［M］. 北京：人民邮电出版社，2018.

［30］ 彭伟. 揭秘深度强化学习［M］. 北京：中国水利水电出版社，2018.

［31］ 伊恩·古德费洛，赵申剑，黎彧君，等. 深度学习［M］. 北京：人民邮电出版社，2017.

［32］ SIMONYAN K，ZISSERMAN A. Very Deep Convolutional Networks for Large-Scale Image Recognition ［C］. International Conference on Learning Representations，2015：1 – 14.

［33］ 文常保，茹锋. 人工神经网络理论及应用［M］. 西安：西安电子科技大学出版社，2019.

［34］ SZEGEDY C，LIU W，JIA Y，et al. Going Deeper with Convolutions［C］. IEEE Conference on Computer Vision and Pattern Recognition (CVPR)，2015：1 – 9.

［35］ SZEGEDY C，VANHOUCKE V，IOFFE S，et al. Rethinking the Inception Architecture for Computer Vision［C］. IEEE Conference on Computer Vision and Pattern Recognition (CVPR)，2016：2818 – 2826.

［36］ HE K，ZHANG X，REN S，et al. Deep Residual Learning for Image Recognition ［C］. IEEE Conference on Computer Vision and Pattern Recognition （CVPR），2016：770 – 778.

［37］ HOWARD A，ZHU M，CHEN B，et al. MobileNets：Efficient Convolutional Neural Networks for Mobile Vision Applications［J］. ArXiv Preprint ArXiv：1704.04861，2017：1 – 9.

［38］ GIRSHICK R. Fast R-CNN［C］. IEEE International Conference on Computer Vision (ICCV)，2015：1440 – 1448.

［39］ REN S，HE K，GIRSHICK R，et al. Faster R-CNN：Towards Real-Time Object

Detection with Region Proposal Networks〔J〕. IEEE Transactions on Pattern Analysis and Machine Intelligence，2017，39(6)：1137－1149.

〔40〕 REDMON J，DIVVALA S，GIRSHICK R，et al. You Only Look Once：Unified，Real-Time Object Detection〔C〕. IEEE Conference on Computer Vision and Pattern Recognition (CVPR)，2016：779－788.

〔41〕 REDMON J，FARHADI A. YOLO9000：Better，Faster，Stronger〔C〕. IEEE Conference on Computer Vision and Pattern Recognition (CVPR). 2017：6517－6525.

〔42〕 LIU W，ANGUELOV D，ERHAN D，et al. SSD：Single Shot MultiBox Detector〔C〕. European Conference on Computer Vision (ECCV). 2016：21－37.

〔43〕 SHELHAMER E，LONG J，DARRELL T. Fully Convolutional Networks for Semantic Segmentation〔J〕. IEEE Transactions on Pattern Analysis and Machine Intelligence，2017，39(4)：640－651.

〔44〕 CHEN L，PAPANDREOU G，KOKKINOS I，et al. DeepLab：Semantic Image Segmentation with Deep Convolutional Nets，Atrous Convolution，and Fully Connected CRFs〔J〕. IEEE Transactions on Pattern Analysis and Machine Intelligence，2018，40(4)：834－848.

〔45〕 CHENL，PAPANDREOU G，KOKKINOS I. Rethinking Atrous Convolution for Semantic Image Segmentation〔J〕. ArXiv Preprint ArXiv：1706. 05587，2017：1－14.

〔46〕 KRIZHEVSKY A，SUTSKEVER I，HINTON G. ImageNet classification with deep convolutional neural networks〔J〕. Communications of The ACM，2017，60(6)：84－90.

〔47〕 JIANG B，HE J，YANG S，et al. Fusion of machine vision technology and AlexNet-CNNs deep learning network for the detection of postharvest apple pesticide residues〔J〕. Artificial Intelligence in Agriculture，2019，1：1－8.

〔48〕 陈仲铭，彭凌西. 深度学习原理与实践〔M〕. 北京：人民邮电出版社，2018.

〔49〕 TABERNIK D，ŠELA S，SKVARC J，et al. Segmentation-Based Deep-Learning Approach for Surface-Defect Detection〔J〕. Journal of Intelligent Manufacturing. 2020，31(3)：759－776.

参考文献